Python 图像识别与用户行为分析

郭力争　著

河南大学出版社
HENAN UNIVERSITY PRESS
·郑州·

图书在版编目(CIP)数据

Python 图像识别与用户行为分析 / 郭力争著. —郑州：河南大学出版社,2019.10

ISBN 978-7-5649-3943-4

Ⅰ. ①P… Ⅱ. ①郭… Ⅲ. ①软件工具—程序设计 ②图像识别 Ⅳ. ①TP311.561 ②TP391.413

中国版本图书馆 CIP 数据核字(2019)第 213539 号

责任编辑 阮林要
责任校对 张雪彩
封面设计 郭　灿

出版发行 河南大学出版社
地址:郑州市郑东新区商务外环中华大厦 2401 号
邮编:450046
电话:0371-86059750(高等教育与职业教育出版分社)
0371-86059701(营销部)
网址:hupress.henu.edu.cn

排　　版 河南宏运蓝图文化传媒有限公司
印　　刷 北京虎彩文化传播有限公司
版　　次 2019 年 11 月第 1 版
印　　次 2019 年 11 月第 1 次印刷
开　　本 710mm×1010mm 1/16　　**印　　张** 8.75
字　　数 157 千字　　**定　　价** 25.00 元

简　介

图像识别与数据处理分析是人工智能与数据挖掘领域的重要内容之一，是多种技术交叉融合的产物。本书对图像识别与数据处理分析的基本内容、基本概念、基本原理与算法进行了介绍，从 Python 语言实现的角度对 SIFT 图像特征提取、BOW 算法、聚类算法、神经网络算法、支持向量机算法并结合具体问题进行了具体实现，清晰地说明了原理与算法的具体应用，过程介绍得详细具体，同时给出了部分关键的 Python 实现程序。

本书适用于对图像识别与数据处理分析感兴趣的本科生、研究生与科研人员，以及对从事图像识别与数据处理分析的工程技术人员阅读参考。

前　言

今天，随着云计算、移动互联网、物联网技术的发展，图像和视频无处不在，数据量急剧增长。在线图片分享、社交网站、视频分享网站上的图像有数十亿之多，用户上传的信息携带有用户的位置等信息。在对图像查询时，搜索引擎都会返回用户检索的图像。

图像识别是指利用计算机对图像进行处理、分析和理解，以识别各种不同模式的目标和对象的技术。随着通信技术、计算机技术和人工智能技术的发展，图像识别技术受到了高度的重视并取得了极大的发展与进步，在科学研究、航空航天、医疗诊断、工农业生产、交通、军事、公安等众多领域和行业得到了广泛的应用，取得了巨大的经济与社会效益。特别是随着人类进入数据时代与智能时代，图像识别已经成为日常生活中最常应用和不可缺失的重要内容。

本书的宗旨是为图像识别与用户行为分析提供一个简单的切入点，让学生、爱好者充分理解其理论基础和算法，通过 Python 语言实现图像识别与用户行为分析，让读者能知其然知其所以然。本书的编程语言是 Python，Python 自带了很多可以免费获取与使用的强大而便捷的图像处理、数学计算和数据挖掘模块，可以免费获取。

全书共 8 章，可以分为两个部分：第一部分是本书的基础，包括第 1 ~ 4 章，第 1 章简单介绍了数据科学与 Python 的基本概念、数据处理与图像识别基础、科学计算发行版本、Anaconda，第 2 章介绍了基于 Python 的图像处理模块 PIL、图像可视化模块 Matplotlib、数据处理模块 Numpy，第 3 章介绍了图像特征、图像局部特征和局部描述子，第 4 章介绍了 SIFT 的图像局部特征提取技术；第二部分是具体实现过程，包括第 5 ~ 8 章，第 5 章基于 SIFT 的图像特征识别-图像检索，第 6 章基于卷积神经网络与聚类的图像识别，第 7 章基于 HOG 与 SVM 的图像识别，第 8 章移动用户行为分析。

本书的撰写参考了大量的国内外研究成果，他们的研究成果和贡献是本书的基础和思想源泉，在此对涉及的研究人员表示衷心的感谢！

在本书的撰写过程中，河南城建学院的徐幼恩、李琨、刘浩、赫焕杰、钟俊江、汪洋、张威龙、余孝银、宰永明、盛克柱、秦俊辉、冯家铭、陈自明、王若愚、郐志洋、许志奇等同学在资料收集、整理文本校对、制图等多个方面提供了帮助与支持，在此对他们表示感谢！

最后，作者关于图像识别与用户行为分析的研究以及本书的写作还得到了国家自然科学基金项目（编号：41771433）、河南省科技计划重点科技攻关项目（编号：182402210025、172102210174）、河南省教育厅科学技术研究重点项目（编号：12A520006）、河南省高等学校重点科研项目（编号：18A520020）、河南城建学院科研能力提升工程研究项目的资助，在此一并表示感谢。

图像识别与用户行为分析技术发展迅速，涉及的技术多，其理论和应用均有大量的问题亟待进行进一步深入研究。由于作者才疏学浅，仅略知一二，在内容安排、表述等方面难免有不妥之处，敬请同行专家和读者批评指正，提出宝贵建议，以期改进此书，将不胜感激。

郭力争

2019年7月于河南城建学院

目　录

第 1 章　起航

无论是数据处理与分析的数据科学的初学者，还是基础知识深厚、经验丰富的数据科学从业者与图像识别的爱好者，都能从本书关于 Python 图形识别、检索、数据处理与分析的介绍中受益。

本书将直接探究数据科学最直接的应用，使用 Python 语言丰富强大的数据分析、机器学习和图像分析与处理软件包，实现涉及用户数据的获取，数据处理与分析，图像特征提取，基于聚类、神经网络、支持向量机等内容实现对图像的识别与检索，为读者提供解决用户行为分析与图像识别与检索问题的快捷实现途径。本书的示例代码通过 Python 语言实现，但不要求您精通 Python 语言。不过，如果您学习过数据结构、面向对象的程序设计（如 C++、Java、C#等），或者学习或了解过 Python 语言的基础知识，将会很容易理解本书的示例代码。如果您对自己的编程基础不太自信，或者对 Python 语言的基础知识掌握还没有入门的话，建议您在学习本书之前学习一下在线课程，如中国大学 MOOC 在线课程，哈尔滨工业大学车万翔老师的高级语言程序设计（Python）（https://www. icourse163. org/course/HIT-9003），北京理工大学嵩大老师的 Python 语言程序设计（https://www. icourse163. org/course/BIT - 268001），这两门关于 Python 语言的入门课程都是免费的。另外，在学习强国学习平台及中国大学 MOOC 在线平台上（https://www. icourse163. org/）还有多门难易程度不同的 Python 课程，都是免费的，期待在计算机科学与编程能力与技能提高的读者，可以找到不同的内容来学习。

工欲善其事，必先利其器——孔子（春秋）《论语・卫灵公》。

1.1　数据科学基础与 Python 简介

1.1.1　数据科学基础

数据科学是什么？它和已有的学科之间有什么不同（比如信息科学、统计学、数据挖掘、机器学习等学科）？它的研究内容主要包括哪些方面？

数据科学在 20 世纪 60 年代已被提出，只是当时并未获得学术界的注意和认可。1974 年，彼得·诺尔（Peter Naur）出版了《计算机方法的简明调查》中将数据科学定义为：“处理数据的科学，一旦数据与其代表事物的关系被建立起来，将为其他领域与科学提供借鉴。”2001 年，美国统计学教授威廉·克利夫兰（William S. Cleveland）发表了《数据科学：拓展统计学的技术领域的行动计划》，主张数据科学是统计学的一个重要研究方向，数据科学再度受到统计学领域的关注，奠定了数据科学的理论基础。2013 年，马特曼·克里斯（Chris A. Mattmann）和瓦森特·达哈（Dhar Vasant）在《自然（Nature）》和《美国计算机学会通讯（Communications of the ACM）》上分别发表题为《计算——数据科学的愿景（Computing：A vision for data science）》和《数据科学与预测（Data science and prediction）》论文，从计算机科学与技术视角讨论数据科学的内涵，使数据科学纳入计算机科学与技术专业的研究范畴。

作为一门新兴的学科，数据科学依赖两个因素：一是数据的广泛性和多样性，二是数据研究的共性。现代社会的各行各业都充满了数据，这些数据的类型多种多样，不仅包括传统的结构化数据，也包括网页、文本、图像、视频、语音等非结构化数据。数据科学主要包括两个方面：用数据的方法研究科学和用科学的方法研究数据。前者包括生物信息学、天体信息学、数字地球等领域，后者包括统计学、机器学习、数据挖掘、数据库等领域。这些学科都是数据科学的重要组成部分，只有把它们有机地整合在一起，才能形成整个数据科学的全貌。另外，尽管它的核心内容已被统计学界和计算机科学界研究了很多年，但是该领域有多种学科构成，数据科学家各自的专业领域和能力不同，对这一领域的描述也各有侧重，对数据科学的界定还不是很清晰。虽然领域不同，但其研究内容主要包括线性代数、统计学、计算机语言、图像处理、机器学习、数据挖掘、商务智能、数据存储与检索及数据可视化等。

1.1.2 Python 简介

工欲善其事，必先利其器，器利，则事半功倍。《庄子·知北游》语“人生天地之间，若白驹之过隙，忽然而已”。人生有限，时间宝贵，易学好用，则学 Python。

Python 的前世今生：

20 世纪 90 年代初 Python 语言诞生至今，它已被逐渐广泛应用于科学计算、数据处理与分析、图像处理、人工智能、云计算、金融分析、游戏开发、桌面软件开发、Web 开发应用等不同的应用领域，是一种前景非常光明的语言。

Python 的创始人为荷兰人吉多·范罗苏姆（Guido van Rossum）。关于他创作 Python 语言的趣事是这样的：1989 年圣诞节期间，Guido 在阿姆斯特丹为了打发闲暇无聊的圣诞节时间，决心重新开发一个新的脚本解释程序，作为 ABC 语言的一种继承。选择 Python（大蟒蛇的意思）作为该编程语言的名字，因为 Guido 是一位蒙提·派森的飞行马戏团的粉丝。《蒙提·派森的飞行马戏团》（Monty Python's Flying Circus）是英国 20 世纪 70 年代首播的电视喜剧，直到今天仍受某些观众喜爱。就这样，Python 在 Guido 手中诞生了。他希望这个新的叫作 Python 的语言，能符合他的理想：创造一种 C 和 shell 之间，功能全面，易学易用，可拓展的语言。Python 语法很多来自 C，但又受到 ABC 语言的强烈影响。

到今天，Python 的框架已经确立。Python 语言以对象为核心组织代码，支持多种编程范式，采用动态类型，自动进行内存回收。Python 支持解释运行，并能调用 C 库进行拓展。Python 有强大的标准库。因为标准库的体系已经稳定，所以 Python 的生态系统开始拓展到第三方包。众多开源的科学计算软件包都提供了 Python 的调用接口，如著名的计算机视觉库 OpenCV、三维可视化库 VTK、医学图像处理库 ITK。而 Python 专用的科学计算扩展库就更多了，如如下三个十分经典的科学计算扩展库：NumPy、SciPy 和 matplotlib，它们分别为 Python 提供了快速数组处理、数值运算以及绘图功能。因此，Python 语言及其众多的扩展库所构成的开发环境十分适合工程技术、科研人员处理实验数据、制作图表，甚至开发科学计算应用程序。

Python 的发展史：

1991 年，第一个 Python 编译器诞生。它是用 C 语言实现的，并能够调用 C 语言的库文件。从一出生，Python 已经具有了类、函数、异常处理、包含表和词典在内的核心数据类型，以及模块为基础的拓展系统。

1994 年 1 月，发布 Python 1.0，增加了 lambda、map、filter and reduce。

1999 年，Python 的第一个 Web 框架 Zope 1 发布。

2000 年 10 月 16 日，发布 Python 2.0，加入了内存回收机制，构成了现在 Python 语言框架的基础。

2004 年 11 月 30 日，发布 Python 2.4；同年，目前最流行的 Web 框架 Django 诞生；2006 年 9 月 19 日，发布 Python 2.5。

2008 年 10 月 1 日，发布 Python 2.6；同年 12 月 3 日，发布 Python 3.0。

2009 年 6 月 27 日，发布 Python 3.1。

2010 年 7 月 3 日，发布 Python 2.7。

2011 年 2 月 20 日，发布 Python 3. 2。

2012 年 9 月 29 日，发布 Python 3. 3。

2014 年 3 月 16 日，发布 Python 3. 4。

2014 年 11 月，官方宣布：Python2. 7 将在 2020 年停止支持，且不再有 2. 8 及以上的版本，建议现有 2. x 版本的需要迁移到 3. 4 及以上版本。

2015 年 9 月 13 日，发布 Python 3. 5。

2016 年 12 月 23 日，发布 Python 3. 6。

2018 年 6 月 27 日，发布 Python 3. 7。

目前最新版本为 3. 7. 3，发布时间为 2019 年 3 月 25 日。

Python 的官方网址为 https://www. python. org。

执行过程：

Python 是一门动态解释性的强类型定义语言，解释执行是相对于编译执行而言的。我们都知道，使用 C/C++之类的编译性语言编写的程序，是需要从源文件转换成计算机使用的机器语言，经过链接器链接之后形成了二进制的可执行文件。运行该程序的时候，就可以把二进制程序从硬盘载入到内存中并运行。

但是对于 Python 而言，Python 源码不需要编译成二进制代码，它可以直接从源代码运行程序。当我们运行 Python 文件程序的时候，首先会将 . py 文件中的源代码编译成 Python 的 byte code（字节码，基于 C 的 Python 编译出的字节码文件，通常是 . pyc 格式），然后再由 Python Virtual Machine（Python 虚拟机）来执行这些编译好的 byte code。这样，Python 就不用担心程序的编译、库的链接加载等问题了。

1. 2　数据处理与图像处理基础

1. 2. 1　数据科学过程

虽然面对的科学问题各异，但为了更好地分析相关科学问题，需要通过划分一系列的阶段来简化对复杂问题的处理与分析。

这个过程首先从数据获取开始，数据获取的方式多种多样，可以从简单的文本文件、Excel 文件直接加载数据，从关系数据库系统（RDBMS）、半结构化（XML）、非结构化数据仓库（NoSQL）、合成数据、Web API 或 HTML 页面收集数据等。有时你无法决定选择哪种格式，数据会以你想象不到的格式出现，但你必须处理它。

获取数据是数据科学家的首要和关键的任务之一，无论使用任何类型的数据，必须将获取的数据加载到计算机的内存。为了减少科学家处理数据的工作量和负担，我们需要通过工具，如 PIL(Python Imaging Library)、Numpy 等，来对数据进行加载、操作、处理和分析。

如果你发现某个格式效率低下、笨拙或不受欢迎，你可以尝试设置可能使事情变得更容易的辅助数据存储格式，但需要花费大量时间和精力来设置辅助数据。但对于访问效率至关重要的应用程序而言，这个成本是值得的。对于较小的项目，也许不是。但是当你到达那里时，你必须越过那座桥。

数据加载后，接着进行数据的处理与分析。由于原始数据不能直接进行数据分析，需要进行数据改写。数据改写意味着改变，经过一系列精细设定和可逆的步骤之后，将原始数据改写成完全不同的但更有用的数据。数据改写扎根于黑客文化，经常在数据科学中出现，与之词意几乎完全相同的术语是“数据整理”和“数据准备”。没有一种方法或一种工具可以实现使混乱数据清洁的目标，必须使用一系列基本的 Python 数据结构和命令处理所有的问题数据，为数据科学处理过程下一阶段的工作提供典型的数据矩阵，矩阵的行和列中分别存储观测数据和变量。市面上有许多工具可以做很多事情，但没有一个工具能够处理任意格式数据。数据以如此多的形式存在，并且出于不同的目的，甚至目前没有一个应用程序能够以任意目的读取任意数据。简而言之，数据改写是一个不确定的事情，需要在特定情况下使用特定工具来完成工作。你可以尝试使用文件格式转换器或专有数据管理器并编写脚本来处理数据。

在对数据进行分析前，花费一些时间和精力对数据进行初步的评估是很值得的。如果你对数据有更多了解，你将在整个数据科学项目的每一步做出更明智的决策，并获益到最后。如果没有初步的数据评估，你可能会遇到异常值、偏差、特异性或数据其他固有的问题，导致分析结果异常。为了更好地发掘这些数据并更好地了解数据，改写数据后的第一步应该是计算一些描述性统计数据。描述性统计是定量描述信息集合的主要特征或定量描述本身的学科，考虑数据最大值、最小值、平均值、数据集的摘要等。

数据评估分析之后，将进入建模阶段。这个阶段中，会根据特定的机器学习问题，选择不同的算法，而机器学习算法有很多，耳熟能详的有回归、决策树、随机森林，等等。在此过程中你要观测数据，以图形化的方式考察变量。在描述性统计资料的帮助下，将领域知识运用于实践，选择最有意义的变量和参数对机器学习算法进行测试。

最后，部署开发的模型，并且建立持续的检测机制，观察他们在现实世界中的变化并据此进行校准和优化。

1.2.2　图像处理基础

我们日常生活中见到的图像一般是连续形式的模拟图像，所以数字图像处理的一个先决条件就是将连续图像离散化，转换为数字图像。图像的数字化包括采样和量化两个过程。一幅黑白静止平面图像，比如照片，其中各点的灰度值可以用其位置坐标(x,y)的函数$f(x,y)$来描述。经数字化后，可以用一个离散量组成的矩阵$g(i,j)$（即二维数组）来表示：

$$g(i,j)=\begin{bmatrix} f(0,0) & f(0,1) & \cdots & f(0,n-1) \\ f(1,0) & f(1,1) & \cdots & f(1,n-1) \\ \vdots & \vdots & & \\ f(m-1,0) & f(m-1,1) & \cdots & f(m-1,n-1) \end{bmatrix} \tag{1-1}$$

矩阵中的每一个元素称为像元、像素或图像元素。而$g(i,j)$代表(i,j)点的灰度值，即亮度值。以上数字化有以下几点说明：

（1）由于$g(i,j)$代表该点图像的光强度，而光是能量的一种形式，故$g(i,j)$必须大于零，且为有限值，即$0<g(i,j)<\infty$。

（2）数字化采样一般是按正方形点阵取样的，除此之外还有三角形点阵、正六角形点阵取样，如图 1-1 所示。

（3）以上是用$g(i,j)$的数值来表示(i,j)位置点上灰度级值的大小，即只反映了黑白灰度的关系，如果是一幅彩色图像，各点的数值还应当反映色彩的变化，可用$g(i,j)=(f_R(i,j),f_G(i,j),f_B(i,j))$表示，这是一个三维向量，由表示 R、G、B 值的三个分量组成。如果图像是运动的，还应是时间 t 的函数，即可表示为$g(i,j)=(f_R(i,j),f_G(i,j),f_B(i,j),t)$。

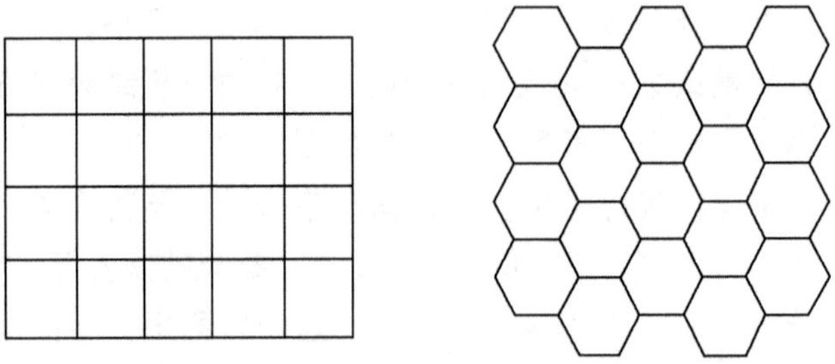

(a)　　　　(b)

图 1-1　采样网格

采样：图像在空间上的离散化称为采样。也就是用空间上部分点的灰度值代表图像，这些点称为采样点。由于图像是一种二维分布的信息，为了对它进行采样操作，需要先将二维信号变为一维信号，再对一维信号完成采样。

具体做法是，先沿垂直方向按一定间隔从上到下顺序地沿水平方向直线扫描，取出各水平线上灰度值的一维扫描。而后再对一维扫描线信号按一定间隔采样得到离散信号，即先沿垂直方向采样，再沿水平方向采样这两个步骤完成采样操作。对于运动图像（即时间域上的连续图像），需先在时间轴上采样，再沿垂直方向采样，最后沿水平方向采样这三个步骤完成。

对一幅图像采样时，若每行（即横向）像素为 M 个，每列（即纵向）像素为 N 个，则图像大小为 $M \times N$ 个像素。

在进行采样时，采样点间隔的选取是一个非常重要的问题，它决定了采样后图像的质量，即忠实于原图像的程度。采样间隔的大小选取要依据原图像中包含的细微浓淡变化来决定。一般地，图像中细节越多，采样间隔应越小。

量化： 模拟图像经过采样后，在时间和空间上离散化为像素。但采样所得的像素值（即灰度值）仍是连续量。把采样后所得的各像素的灰度值从模拟量到离散量的转换称为图像灰度的量化。一般地，像素值量化后用一个字节 8bit 来表示。把由黑—灰—白的连续变化的灰度值，量化为 0～255 共 256 级灰度值，灰度值的范围为 0～255，表示亮度从深到浅，对应图像中的颜色为从黑到白。

采样与量化参数的选择： 一幅图像在采样时，行、列的采样点与量化时每个像素量化的级数，既影响数字图像的质量，也影响该数字图像数据量的大小。假定图像取 $M \times N$ 个样点，每个像素量化后的灰度值为二进制 Q，一般 Q 总是取为 2 的整数幂，即 $Q=2^K$，其中 K 表示量化级数，则存储一幅数字图像所需的二进制位数 b 为：

$$b = M \times N \times K \tag{1-2}$$

字节数 B 为：

$$B = (M \times N \times K) \div 8 \tag{1-3}$$

对一幅图像，当量化级数 K 一定时，采样点数 $M \times N$ 对图像质量有着显著的影响。如图 1-2 所示，采样点数越多，图像质量越好；当采样点数减少时，图上的块状效应就逐渐明显。同理，当图像的采样点数一定时，采用不同量化级数的图像质量也不一样。如图 1-3 所示，量化级数越多，图像质量越好；当量化级数越少时，图像质量越差；量化级数最小的极端情况就是二值图像，图像出现假轮廓。

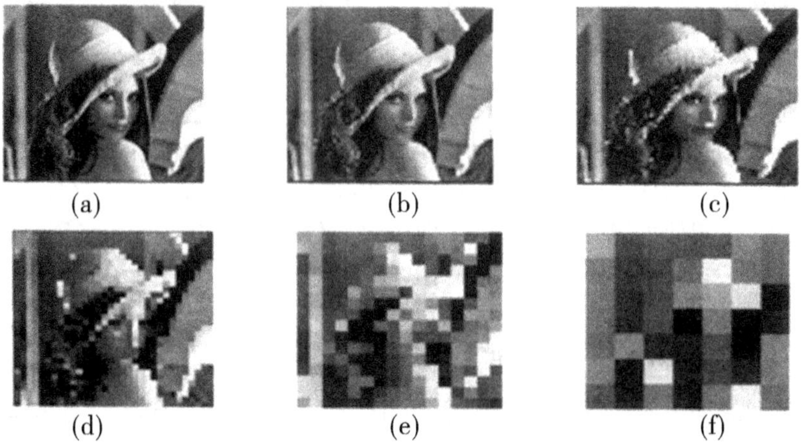

（a）原始图像（256×256）　（b）采样图像 1（128×128）　（c）采样图像 2（64×64）
（d）采样图像 3（32×32）　（e）采样图像 4（16×16）　（f）采样图像 5（8×8）

图 1-2　不同采样点数对图像质量的影响

（a）原始图像（256 色）　（b）量化图像 1（64 色）　（c）量化图像 2（32 色）
（d）量化图像 3（16 色）　（e）量化图像 4（4 色）　（f）量化图像 5（2 色）

图 1-3　不同量化级别对图像质量的影响

一般地，当限定数字图像的大小时，为了得到质量较好的图像可采用如下原则：

（1）对缓变的图像，应细量化，粗采样，以避免假轮廓。

（2）对细节丰富的图像，应细采样，粗量化，以避免模糊（混叠）。

（3）对于彩色图像，是按照颜色成分——红（R）、绿（G）、蓝（B）分别采样和量化的。若各种颜色成分均按 8 bit 量化，即每种颜色量级别是 256，可以处理 256×256×256＝16777216 种颜色。

数字图像的描述：

为了方便地处理数字图像，根据数字图像的特性将其分成不同的类型。静态图像可分为矢量（Vector）图和位图（Bitmap），位图也称为栅格图像。

矢量图是用一系列绘图指令来表示一幅图，如画点、画线、画曲线、画圆、画矩形等。在计算机计算与显示一幅图像时，也往往能看到画图的过程。这种方法的本质是用数学公式描述一幅图像。图像中每一个形状都是一个完整的公式，称为一个对象。

公式化表示图像使得矢量图具有两个优点：一是它的文件数据量很小；二是图像质量与分辨率无关，这意味着无论将图像放大或缩小了多少次，图像总是以显示设备允许的最大清晰度显示。但是，矢量图有一个明显的缺点，就是不易制作色调丰富或色彩变化太多的图像，而且绘出来的图像不是很逼真，同时也不易在不同的软件间交换文件。在 Corel Draw 和 Adobe Illustrator 中生成的图像均为矢量图。

位图是通过许多像素点表示一幅图像，每个像素用若干个二进制位来指定该像素的颜色、亮度和属性。因此，一幅图像由许许多多描述每个像素的数据组成，这些数据通常称为图像数据，而这些数据通常是作为一个文件来存储的，这种文件又称为图像文件。

位图的获取通常用扫描仪、摄像机、录像机、激光视盘与视频信号数字化卡一类设备，通过这些设备把模拟的图像信号变成数字图像数据。也可以利用 Windows 的画笔（Painbrush）用颜色点填充网格单元来创建位图，位图文件占据的存储器空间比较大。影响位图文件大小的因素主要有两个：图像分辨率和像素深度。分辨率越高，就是组成一幅图的像素越多，则图像文件越大；位图有多种表示和描述的模式，但从大的方面来说主要可分为黑白图像、灰度图像和彩色图像。

（1）黑白图像。只有黑、白两种颜色的图像称为黑白图像或单色图像，是指图像的每个像素只能是黑或白，没有中间的过渡，故又称为二值图像。二值图像的像素值只能为 0 和 1，图像中的每个像素值用一位存储。如用扫描仪扫描图像，当设置成 LineArt 格式时，扫描仪以一位颜色模式来看待图像。若样点颜色为黑，则扫描仪将相应的像素位元置为 0，否则置为 1。一幅 640×480 像素的黑白图像，根据 $b=M\times N\times K$ 公式，其中 K 为 1，只需要占据 $640\times480\times1\div8=38400$ B = 37.5 KB 的存储空间。

（2）灰度图像。在灰度图像中，像素灰度级用 8 bit 表示，所以每个像素都是介于黑色和白色之间的 256（$2^8=256$）种灰度中的一种。灰度图像只有灰度颜色而没有彩色。我们通常所说的黑白照片，其实包含了黑白之间的所有灰度色调。因为人眼对灰度的分辨能力一般不超过 26 级，所以一个像素用一个字节表示其灰度值对人眼来说已经足够了。一幅 640×480 像素、灰度级为 256 级的灰度图像，根据 $b=M\times N\times K$ 公式，其中 K 为 8，需要占据 640×480×8÷8＝307200 B＝300 KB 的存储空间。

（3）彩色图像。彩色图像除有亮度信息外，还包含有颜色信息。彩色图像的表示与所采用的彩色空间，即彩色的表示模型有关。同一幅彩色图像如果采用不同的彩色空间表示，对其描述可能会有很大的不同。这里只以 RGB 彩色空间为例对彩色图像作简要的说明。RGB 图像的颜色是非映射的，它可以从系统的“颜色表”里自由获取所需的颜色，这种图像文件里的颜色直接与 PC 机上的显示颜色相对应。在真彩色图像中，每一个像素由红、绿和蓝三个字节组成，每个字节为 8 bit，表示 0 到 255 之间的不同的亮度值，这三个字节组合可以产生 1670 万种不同的颜色。一幅 640×480 像素的真彩色图像大约需要 900 KB（640×480×3＝921600 B）的存储空间。

1.3　科学计算发行版

在进行图像、数据处理与分析前，要搭建好工作环境。搭建工作环境对于数据科学家与数据工作者来说，非常的麻烦与耗时。首先，你要下载安装 Python，配置环境变量，然后逐个安装所需的科学计算库，有时候由于网络与环境的差异，安装过程可能不是很顺利，导致影响了情绪与心情，而变得烦躁。如果有一种方法既能节省时间和精力，又能确保你有一个完整的数据处理与分析的工作环境，这就需要下载并安装 Python 科学计算发行版。科学计算发行版包含 Python，还包括各种预装的工具包，甚至提供附加的工具和 IDE 集成开发环境。建议大家下载安装科学计算发行版，如 Anaconda。

1.3.1　Python(x,y)

Python(x, y)(http://python-xy.github.io/)是 Windows 系统中免费的 Python 科学计算发行版，是由社区维护的开源软件。它包含了 Numpy、Sicpy、Matplotlib、Spyder、NetworkX、Ipython 和 Scikit-learn 等很多工具包，基本上你也不用再费事去下载和安装工具包了，对于科学计算要有的基本都有了。它还提供了一个交互式开发环境 Spyder，其思想来自 MATLAB IDE。Python(x, y)是由 Pierre Raybaut 设计、开发和维护，在 2011 年 Gabi Davar 加入了 Python(x,y)的维护工作。自 2013 年以来，Pierre 开始从事其他项目工作，维护工作主要由 Gabi Davar 负责。

1.3.2 WinPython

WinPython(http://winpython.github.io/)是免费与开源 Python 的科学计算发行版，其版本的维护也由社区负责。它是专为科学家设计的，工具包包括 Numpy、Sicpy、Matplotlib 和 Ipython 等。最新的版本是 2019 年 3 月 9 日发布的 3.7.2.0，新的工具包包括 Pandas-0.24.1、Scipy-1.2.1、Cartopy-0.17.0、Numpy-1.16.2、Pytorch-1.0.1、Tensorflow-1.13.1、PyQt5-5.12.1 和 PySide2-5.12.1 等。其功能也是比较全的，软件包比较新，GUI 基于 PyQt，不过相对于 Python(x,y)，它主要是关注便携式安装体验：你可以把它装在 U 盘里面。它只能在微软 Windows 系统下工作，命令行工具是 WinPython 包管理器（WPPM）。

1.3.3 Enthought Canopy

Enthought Canopy(https://www.enthought.com/product/canopy/)是 Enthought 公司推出的 Python 科学计算发行版，包括 450 多个预装软件包，如 NumPy、SciPy、Pandas、Matplotlib 和 IPython。在 Enthought 许可下，所有用户都可以免费使用 Canopy(Canopy Express)和学术版本（用于教育科研也是免费的），它包括一个集成的分析环境和 GUI 调试器。由于是商业级别的，Canopy 的性能和稳定性超强。如果需要高级功能，必须付费购买。Enthought Canopy 是一个跨平台的发行版，其命令安装工具是 canopy_cli，Enthought Canopy 目前的版本是 2.1.9。

1.3.4 Anaconda

Anaconda(https://www.anaconda.com/)是由 Continuum Analytics 提供的科学计算发行版，是一个开源的 Python 发行版本，其包含了 NumPy、SciPy、Pandas、IPython、Scikit-learn、Matplotlib 和 NLTK 等 200 多个科学计工具包及其依赖项。因为包含了大量的科学包，Anaconda 的下载文件比较大（Windows 下 32 位约 542 MB，64 位约 637 MB），如果只需要某些包，或者需要节省带宽或存储空间，也可以使用 Miniconda 这个较小的发行版（仅包含 Conda 和 Python）。它是一个跨平台的版本，可与其他现有的 Python 版本一起安装。其基础版本是免费的，其他高级功能的附加组件要付费后才能使用。Anaconda 提供的工具包用于进行大规模数据处理、预测分析和科学计算。致力于简化包的管理和部署，Anaconda 使用软件包管理系统 Conda 进行包管理。

1.4 Anaconda 下载和安装

1.4.1 下载

下载地址：https://www.anaconda.com/distribution/，Anaconda 是跨平台的，有 Windows、macOS、Linux 版本，我们这里以 Windows 版本为例，点击那个 Windows 图标，如图 1-4 所示。

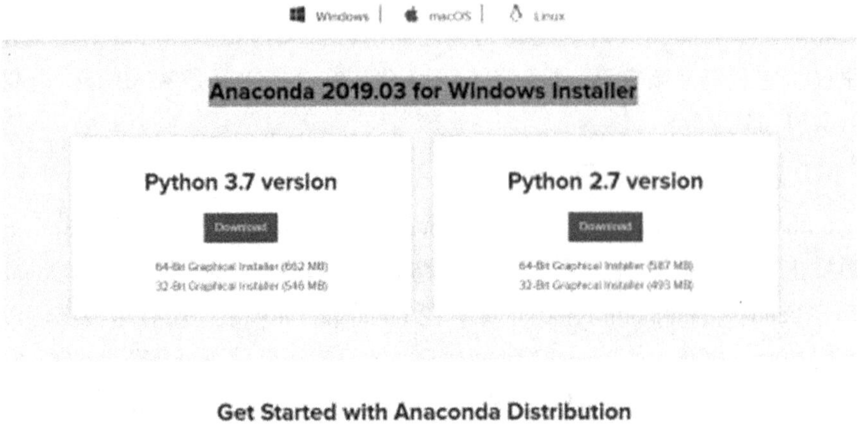

图 1-4 Anaconda 下载界面

这里可供选择下载：Python 3.7 version 和 Python 2.7 version 版本，我们选择下载 Python 3.7 version 64-Bit Graphical Installer（662 MB）--64 位图形安装程序（662 MB），下载完成如图 1-5 所示。

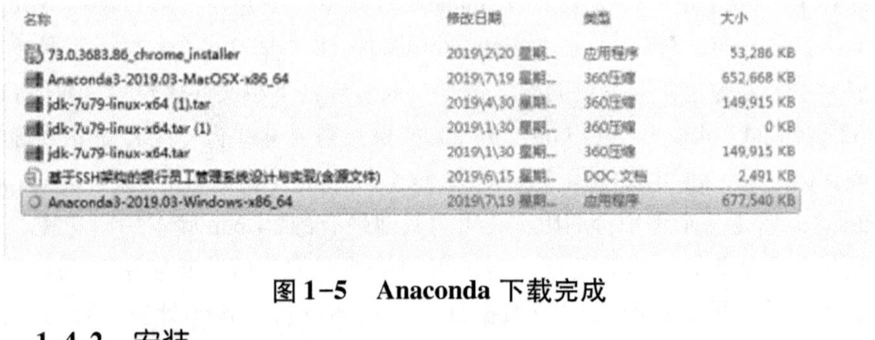

图 1-5 Anaconda 下载完成

1.4.2 安装

在 Window7 环境下安装过程如下：

（1）运行安装程序：双击下载好的 Anaconda3-2019.03-Windows-x86_64.exe 文件，出现界面如图 1-6 所示。

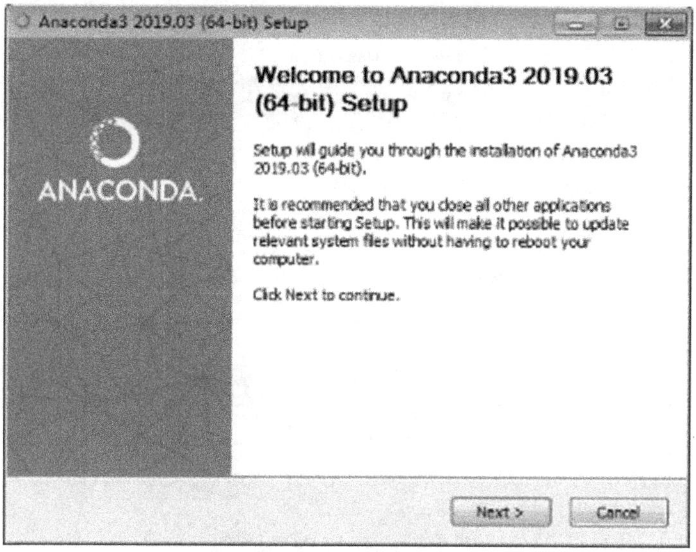

图 1-6　安装启动

点击 Next 即可，如图 1-7 所示。

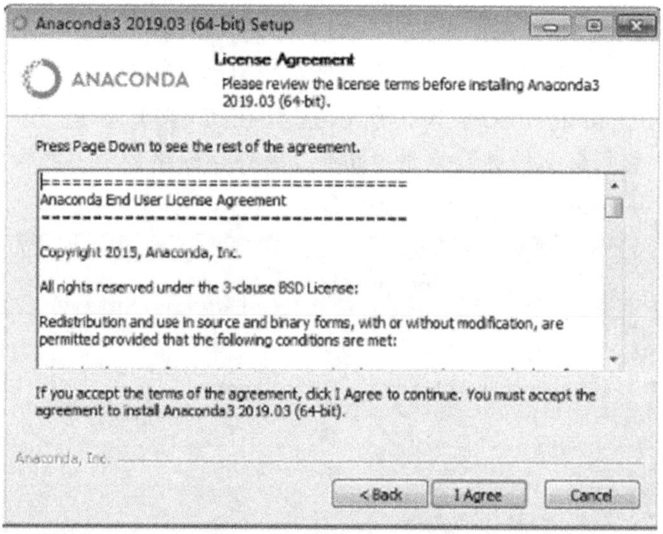

图 1-7　软件许可协议

点击 I Agree（我同意），不同意，当然就没办法继续安装啦。

在图 1-8 中选择 Just Me 还是 All Users：假如你的电脑有好几个用户（Users），才需要考虑这个问题，其实我们电脑一般就一个 User，就我们一个人使用；如果你的电脑有多个用户，选择 All Users，我这里直接 Just Me，继续点击 Next。

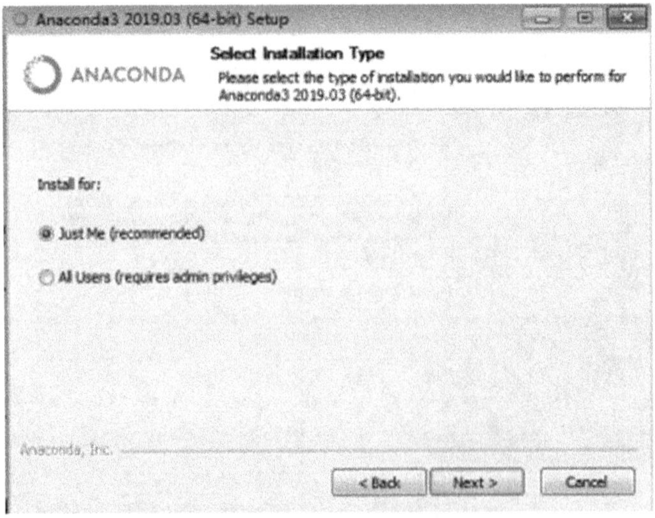

图 1-8　选择安装类型

在图 1-9 中 Destination Folder 是“目标文件夹”的意思，可以选择安装到什么地方。默认是安装到 C:\Users\Administrator\Anaconda3 文件夹下。你也可以选择 Browse…，选择想要安装的文件夹。在 Windows 环境下这个 Users 可能是中文“用户”，安装完成后有可能系统启动不起来，主要原因是安装路径中不能有空格或中文字符，所以这里在 C 盘下新建了一个文件夹 Anaconda3，将目标文件夹设为此文件夹，另外目标路径中不能含有空格，同时不能是“unicode”编码，继续点击 Next。

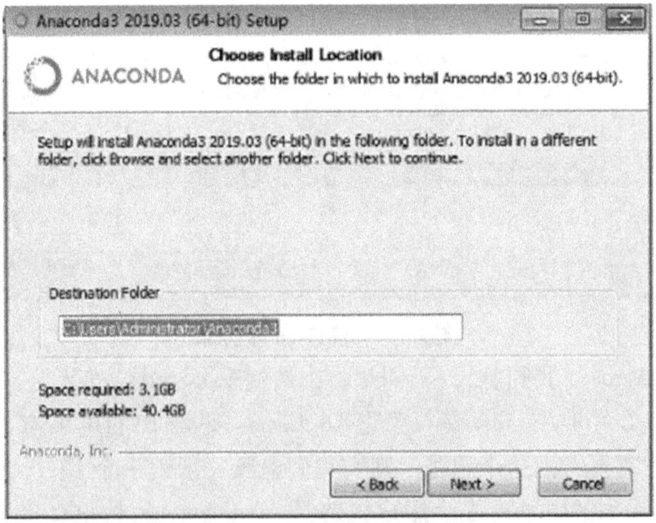

图 1-9　选择目标文件夹

在图 1-10 中在“Advanced Installation Options”中不要勾选“Add

Anaconda to my PATH environment variable”（“添加 Anaconda 至我的环境变量”）。若勾选，则会影响其他程序的使用。若使用 Anaconda，则通过打开 Anaconda Navigator 或者在开始菜单中的“Anaconda Prompt”（类似 macOS 中的“终端”）中进行使用。除非你打算使用多个版本的 Anaconda 或者多个版本的 Python，否则便勾选“Register Anaconda as my default Python 3. 7”。

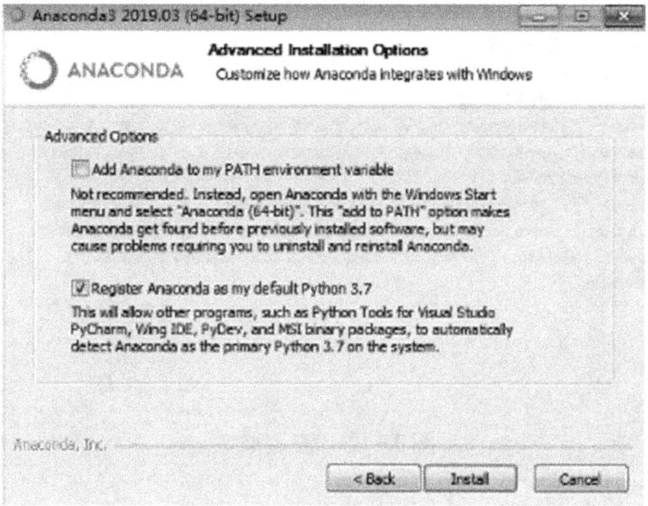

图 1-10　高级安装选项

然后点击“Install”开始安装。在图 1-11 中，若想要查看安装细节，则可以点击“Show details”。

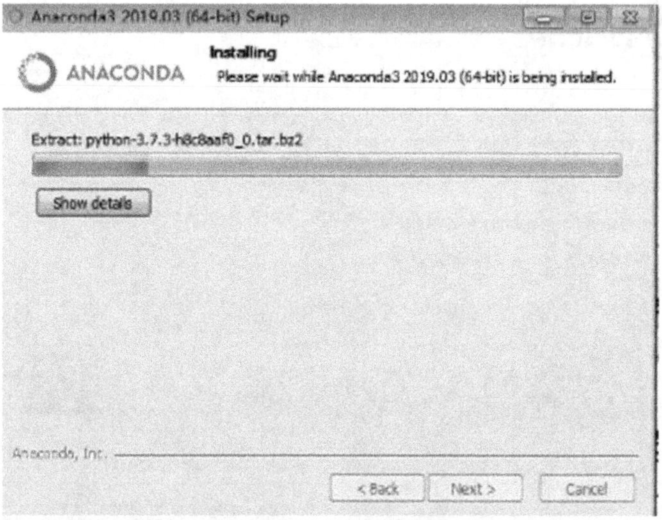

图 1-11　安装进行中

进入“Installation Complete Setup was completed successfully.”界面，如图

1-12 所示，则意味着安装成功。

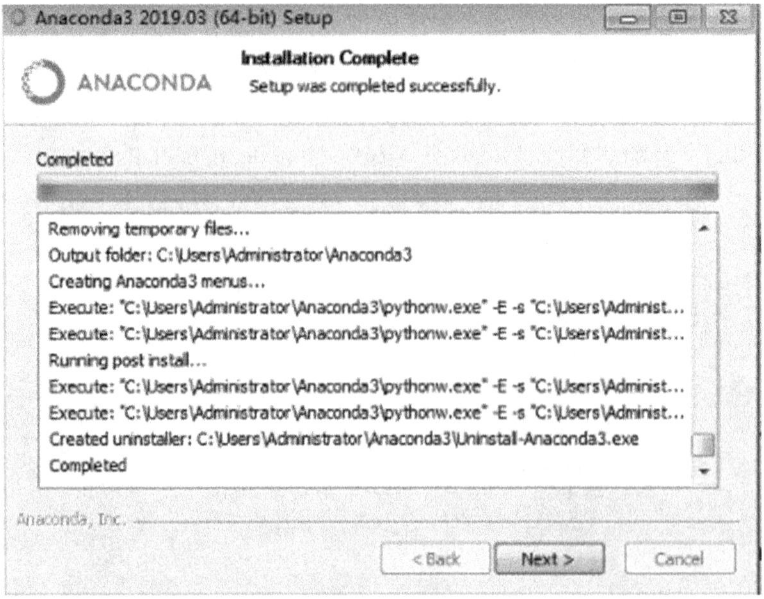

图 1-12　安装成功

点击 Next。

在图 1-13 中提示 Anaconda 和 JeBrains 集成开发环境 Pycharm 可以高度集成，提高开发效率。点击“Next”完成安装，如图 1-14 所示。

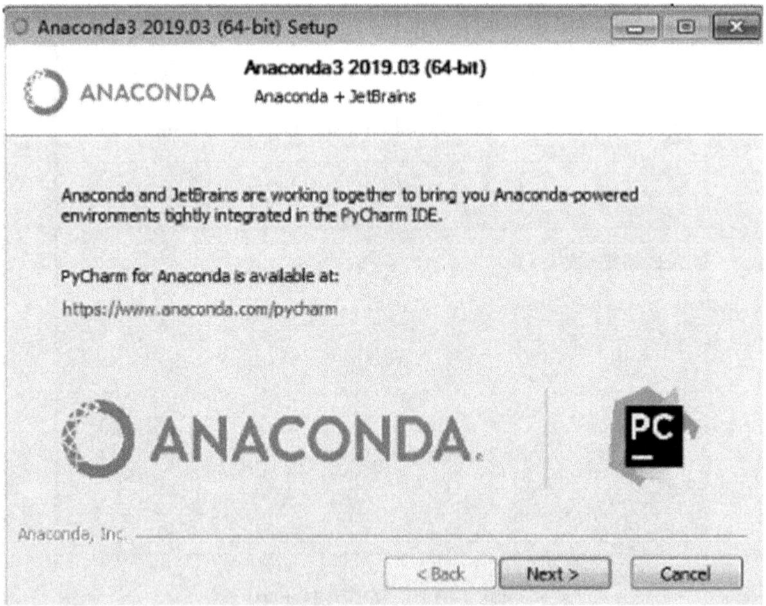

图 1-13　Anaconda 和 JeBrains 提示

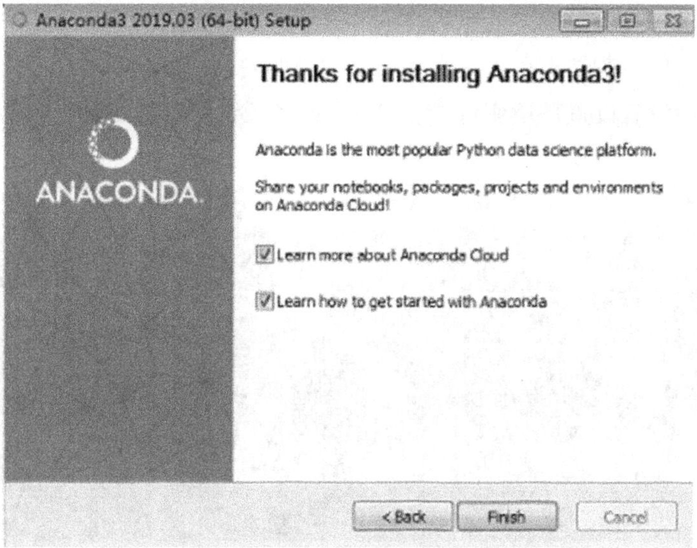

图 1-14　安装完成

注意：若你不想了解"Anaconda 云"和"Anaconda 支持"，则可以不勾选"Learn more about Anaconda Cloud"和"Learn how to get started with Anaconda"。

安装完成之后，安装的内容如图 1-15 所示。

图 1-15　Anaconda 安装的内容

验证安装结果，可选以下任意方法：

（1）"开始 → Anaconda3（64-bit）→ Anaconda Navigator"，若可以成功启动 Anaconda Navigator，则说明安装成功。

（2）"开始 → Anaconda3（64-bit）→ 右键点击 Anaconda Prompt → 以管

理员身份运行”，在 Anaconda Prompt 中输入 conda list，可以查看已经安装的包名和版本号。若结果可以正常显示，则说明安装成功。

这时还没有设置环境变量，在 Windows 命令行模式，输入 conda list 不能成功运行，如图 1-16 所示。

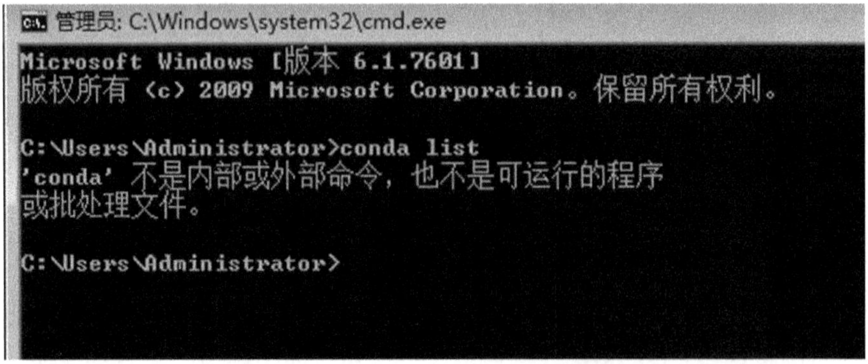

图 1-16　conda list 运行失败

接着下一步，要来配置环境变量了。首先找到安装路径 C:\anconda3，如图 1-17 所示。

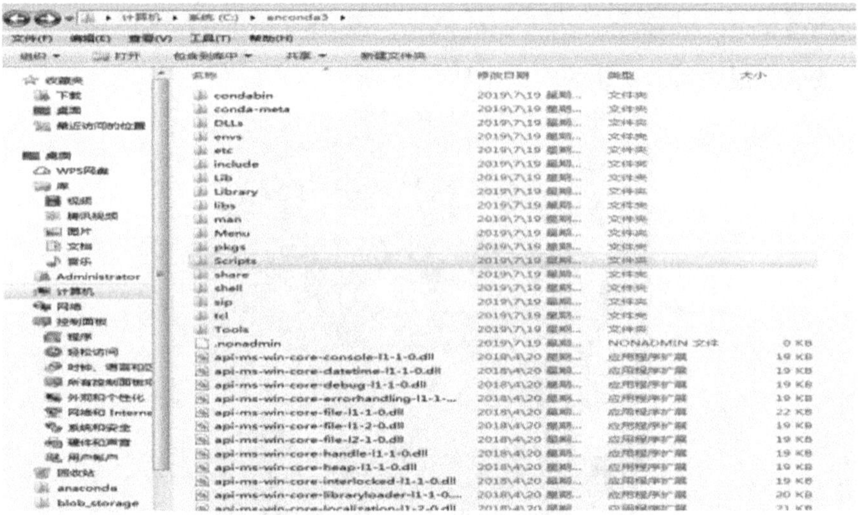

图 1-17　anconda3 安装路径

然后找到一个 Scripts 文件，点击后将路径复制，如图 1-18 所示。

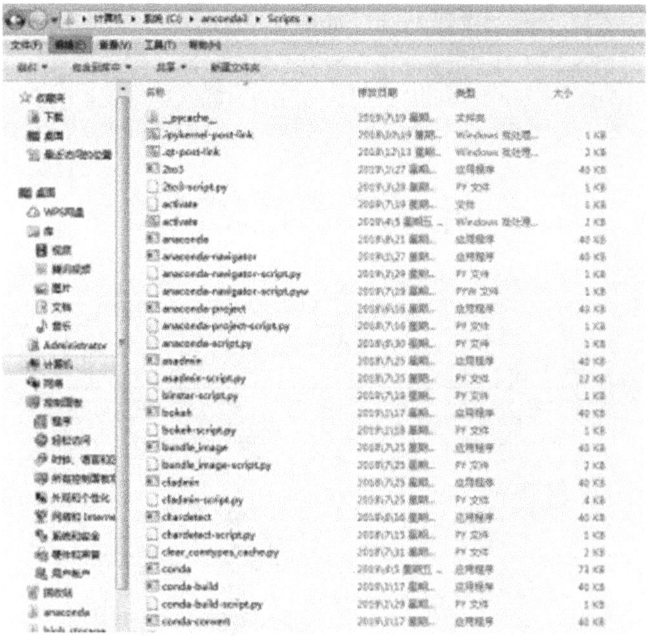

图 1-18　Scripts 安装路径

然后，右键“我的电脑”>选择“属性”>高级系统设置>环境变量，在此处点击环境变量，如图 1-19 所示。

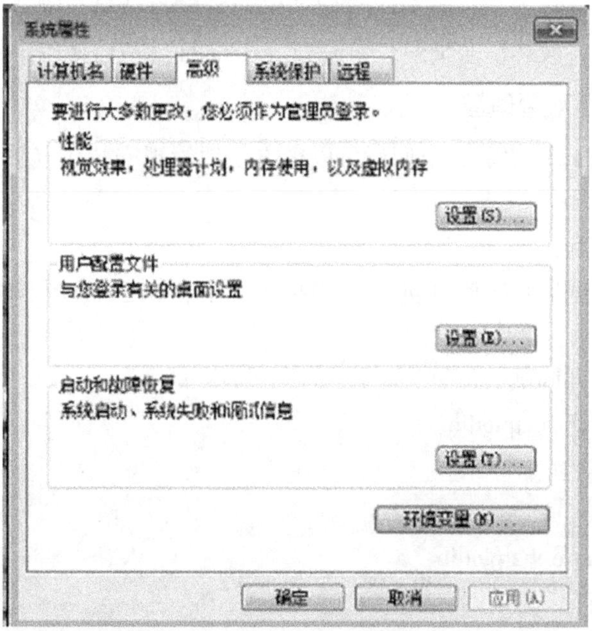

图 1-19　系统属性

然后，在系统变量中找到 Path，如图 1-20 所示。

图 1-20　编辑 Path 系统变量

选中 Path，然后点击编辑，将光标移到最后面，将键盘转换为英文输入法，输入一个分号（;），然后将复制的路径粘贴在分号后面，点击“确定”，保存后关闭，完成环境变量配置，启动 Anaconda 就可以使用了。

1.4.3　如何管理包

安装 Anaconda 之后，我们就可以很方便地管理安装包（安装、卸载、更新）。

（1）安装包。

conda 的包管理功能和 pip 是一样的，当然你选择 pip 安装包也是没问题的。

```
# 安装 matplotlib
conda install matplotlib
```

（2）卸载包。

```
# 删除包
conda remove matplotlib
```

（3）更新包。

```
# 包更新
conda update matplotlib
```

（4）查询已经安装的包。

```
# 查看已安装的包
conda list
```

（5）修改 Anaconda 镜像地址。

安装 Anaconda 时候，访问的是国外的网络，所以下载 Anaconda 和安装包时会特别慢。我们需要更换到国内镜像源地址，这里我更换到国内的清华大学地址。（永久添加镜像）Windows 命令：

```
conda config --add channels https://mirrors.tuna.tsinghua.edu.cn/anaconda/pkgs/free/
conda config --set show_channel_urls yes
```

第2章　图像基本操作与处理

2.1　Pyhton 的图像处理模块

提到图像处理，人们通常想起的工具是 MATLAB。诚然，MATLAB 为开发者提供了一个健壮的图像处理工具包。但是，Python 简洁优雅、开源免费、模块丰富、社区活跃，对于一些图像处理任务而言，采用一种高级的语言将起到一举两得的效果。Python 无疑就是实现这一功能的最佳选择。Python 的面向对象、弱数据类型等特点都非常适用图像处理，使用起来更加的简洁方便。

Python Imaging Library(PIL)给 Python 增加了图像处理能力。这个库提供了广泛的文件格式支持、高效的内部展现，以及十分强大的图像处理能力，下面让我们看看这个库的几种可能用法。

（1）图像存储：PIL 设计用于图像归档和图像批量处理，你可以使用它建立缩略图、转换格式、打印图片，等等。现在的版本可以验证和读取大量的图片格式。写入有意设计为只能写入常用的文件格式。

（2）图像显示：现在的版本包含了 Tk PhotoImage 和 BitmapImage 接口，以及 Windows DIB（Device Independent Bitmap 设备无关位图）接口，这有助于在 Windows 下使用。为了方便测试，还提供了 show( )方法，可以保存图像到磁盘并显示。

（3）图像处理：这个库包含了基本的图像处理功能，包括点操作，使用内置卷积内核过滤，色彩空间转换。另外，这个库还支持更改图像大小、旋转、自由变换操作，还有一个直方图方法来对图像进行统计分析，这可以用于对比度增强和全局统计分析。

2.1.1　Image 模块

Image 模块提供了一个相同名称的类，即 Image 类，用于表示图像处理标准库图像。这个 Image 还提供了一些图像处理函数，如从文件中导入图像和新建图像。PIL 中最重要的模块之一是 Image 模块，它拥有众多的图像操作功能。比如新建、打开、显示、保存图像等功能；组合、裁剪、过滤图像等功能；获取图像三维属性功能，如图像色彩直方图、rgb 通道数等。

Image class

PIL 最重要的类是 Image class，你可以通过多种方法创建这个类的实例；你可以从文件加载图像，或者处理其他图像，或者从 scratch 创建。

要从文件加载图像，使用 open( ) 函数，在 Image 模块。为了测试图像处理，在 E 盘下建立了如下的文件夹 E:\bookimp\pic，将测试图片存放到此文件夹。

```
from PIL import Image
im=Image.open("E:\bookimp\pic\lena.jpg")
```

加载成功将返回一个 Image 对象。你现在可以使用示例属性检查文件内容：

```
print(im.format, im.size, im.mode)
```

输出结果如下：

JPEG (512, 512) RGB

format 这个属性标识了图像来源。如果图像不是从文件读取它的值就是 None。size 属性是一个二元组 tuple，包含 width 和 height（宽度和高度，单位都是像素）。mode 属性定义了图像 bands 的数量和名称，以及像素类型和深度。常见的 modes 有“L”（luminance）表示灰度图像，“RGB”表示真彩色图像，“CMYK”表示出版图像。如表 2-1 为常见的 modes 描述。

表 2-1　图像的模式

modes	描述
1	1 位像素，黑和白，存成 8 位的像素
L	8 位像素，黑白
P	8 位像素，使用调色板映射到任何其他模式
RGB	3× 8 位像素，真彩
RGBA	4×8 位像素，真彩+透明通道
CMYK	4×8 位像素，颜色隔离
YCbCr	3×8 位像素，彩色视频格式
I	32 位整型像素
F	32 位浮点型像素

只要你有了 Image 类的实例，就可以通过类的方法处理图像。比如，下列

方法可以显示图像：

im. show( )

效果如图 2-1 所示。

图 2-1　lena 图像

2. 1. 2　读写图像

PIL 模块对目前存在的大多数图片格式都支持，一般使用 Image 模块的 open( ) 函数从磁盘读取文件，并不需要知道文件格式就能打开它，这个库能够根据文件内容自动确定文件格式。若要保存文件，则使用 Image 类的 save( ) 方法，此时保存文件的文件名就变得十分重要了，除非你指定格式，否则这个库将会以文件名的扩展名作为格式保存。

```
from PIL import Image
im = Image. open( "E: \bookimp \pic \lena. jpg" )
print( im)
im. save( "E: \bookimp \pic \lena. png" ) ## 将"E: \bookimp \pic \lena. jpg"保存为"E: \bookimp \pic \lena. png"
im = Image. open ( " E: \ bookimp \ pic \ lena. png" ) ##打开新的 png 图片
print( im. format, im. size, im. mode)
```

输出结果如下：

```
<PIL. JpegImagePlugin. JpegImageFile image mode = RGB size = 512x512 at 0xBAEE70>
PNG (512, 512) RGB
PNG (512, 512) RGB
```

通常而言，save 用以保存一个临时的 Image 对象到硬盘。而转换工作由一个功能更为强大的 convert( ) 方法来完成。convert( ) 是将图像转换格式的方法。

```
from PIL import Image
im = Image.open("E:\mywife.jpg")
new_im = im.convert('L') ##可以看到"L"模式，即黑白模式或灰度图像
new_im.show()
```

效果如图 2-2 所示。

图 2-2　lena 灰度图像

2.1.3　裁剪、复制、合并等操作

首先引入 box 的概念，box 变量是一个四元组（左，上，右，下），用来表示在原始图像中截取的位置坐标，如 box(100,100,200,200)就表示在原始图像中以左上角为坐标原点，截取一个 100×100（像素为单位）的图像。为方便理解，如图 2-3 所示为示意图 box(b1,a1,b2,a2)。

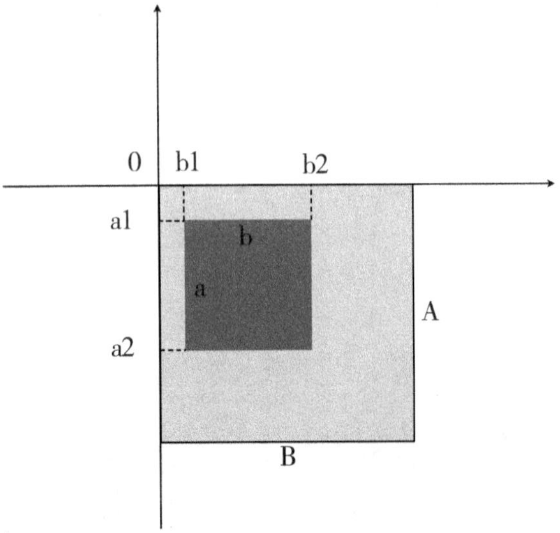

图 2-3　box 概念

从图像中复制出一个矩形选的代码如下：

box = (100, 100, 400, 400)

region = im. crop(box)

矩形选区有一个 4 元元组定义，分别表示左、上、右、下的坐标。这个库以左上角为坐标原点，单位是 px，所以上诉代码复制了一个 300×300 pixels 的矩形选区。这个选区现在可以被处理并且粘贴到原图，如图 2-4 所示为 box 截取的图像区域显示。

原图　　　　**裁剪**

图 2-4　裁剪对比图

crop 函数带的参数为（起始点的横坐标，起始点的纵坐标，宽度，高度），paste 函数的参数为（需要修改的图片，粘贴的起始点的横坐标，粘贴的起始点的纵坐标）。

```
from PIL import Image
im = Image.open("E:\bookimp\pic\lena.jpg")
box = (100, 100, 250, 250)
region = im.crop(box)
region = region.transpose(Image.ROTATE_180) ##将拷贝的小图旋转 180 度再放入 region 中
im.paste(region, box) ##粘贴 box 大小的 region 到原先的图片对象中
im.show()
```

以上代码的效果显示如图 2-5 所示。

图 2-5　裁剪粘贴旋转图

2.1.4　几何变换

要调整一副图像的尺寸，我们可以调用 resize()方法。该方法的参数是一个元组，用来指定新图的大小：

```
from PIL import Image
im = Image.open("E:\bookimp\pic\lena.jpg")
region = im.resize((200, 200))          ##重新设定大小
region.show()
```

要旋转一副图像，可以使用逆时针表示旋转角度，然后调用 rotate()方法：

```
im.rotate(45)                    #逆时针旋转 45 度角
```

Image 类有 resize()、rotate()和 transpose()、transform()方法进行几何变

换，用以重定义图片大小，对图片进行旋转等操作。

还可以做以下操作：

```
im. transpose( Image. FLIP_LEFT_RIGHT)          #左右对换。
im. transpose( Image. FLIP_TOP_BOTTOM)          #上下对换。
im. transpose( Image. ROTATE_270)               #旋转 270 度角。
```

2. 1. 5　图像滤波

图像滤波在 ImageFilter 模块中，在该模块中，预先定义了很多增强滤波器，可以通过 filter( ) 函数使用，预定义滤波器包括 BLUR、CONTOUR、DETAIL、EDGE _ ENHANCE、EDGE _ ENHANCE _ MORE、EMBOSS、FIND _ EDGES、SMOOTH、SMOOTH_MORE、SHARPEN。其中 BLUR 就是均值滤波，CONTOUR 找轮廓，FIND_EDGES 边缘检测，使用该模块时，需先导入。还有其他功能强大的滤波效果，此处略。

```
from PIL import Image
from PIL import ImageFilter                                ## 调取 ImageFilter
imgF = Image. open( "E:\bookimp\pic\lena. jpg" )
bluF = imgF. filter( ImageFilter. BLUR)                    ##均值滤波
conF = imgF. filter( ImageFilter. CONTOUR)                 ##找轮廓
edgeF = imgF. filter( ImageFilter. FIND_EDGES)             ##边缘检测
imgF. show( )
bluF. show( )
conF. show( )
edgeF. show( )
```

2. 2　Matplotlib

我们处理数学运算、绘制图表，或者在图像上绘制点、直线和曲线时，Matplotlib 是 Python 最著名的绘图库，它提供了一整套和 Matlab 相似的命令 API，十分适合交互式地进行制图。Matplotlib 是个很好的类库，具有比 PIL 更强大的绘图功能。Matplotlib 可以绘制出高质量的图表，就像本书中的许多插图一样。Matplotlib 中的 PyLab 接口包含很多方便用户创建图像的函数。Matplotlib 是开源工具，可以从 https://matplotlib. org/免费下载。该链接中包含非常详尽的使用说明和教程。下面的例子展示了本书中需要使用的大部分函数。

2. 2. 1　曲线绘图

Matplotlib 的默认配置都允许用户自定义。你可以调整大多数的默认配置：

图片大小和分辨率（dpi）、线宽、颜色、风格、坐标轴以及网格的属性、文字与字体属性等。不过，Matplotlib 的默认配置在大多数情况下已经做得足够好，你可能只在很少的情况下才会想更改这些默认配置。

```
import numpy as np
import matplotlib. pyplot as plt
X = np. linspace( -np. pi, np. pi, 256)
C,S = np. cos(X), np. sin(X)
plt. plot(X, C, "b. ", linewidth=2. 5,label="cosine")
plt. plot(X, S, "r * ", linewidth=2. 5, label="sine")
plt. legend( loc='upper left')
plt. xlabel('x')
plt. ylabel('y')
```

使用 NumPy 的 linespace( ) 函数，创建一个从-3. 142 到 3. 142 等间距、具有 256 个样本的数字序列，使用此序列映射余弦函数和正弦函数的 y 值。

Plot( ) 的 第一、二参数 x，y 数组传递给 plot；第三个参数"b--" 指定曲线的颜色和线型，这个参数称为格式化参数，它能够通过一些易记的符号快速指定曲线的样式。其中 b 表示蓝色，"--" 表示线型为虚线；label：给所绘制的曲线一个名字，此名字在图示/图例（legend）中显示；color：指定曲线的颜色，linewidth：指定曲线的宽度。

xlabel：设置 x 轴的文字

ylabel：设置 y 轴的文字

title：设置图表的标题

legend：显示图示

以上代码的显示效果如图 2-6 所示。

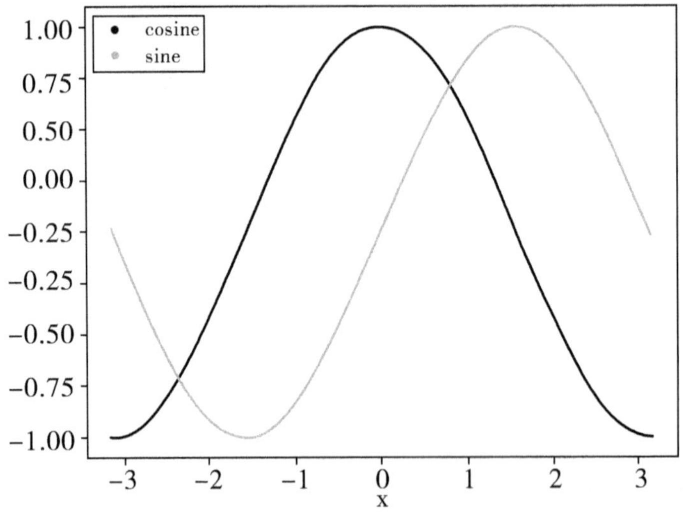

图 2-6　曲线图

2.2.2　绘制分块图

这里将通过例子说明如何在一个图像窗口上创建更多的子窗口。Subplot 命令接受形如 subplot(nrows,ncols,plot_number)的参数格式。因此，它根据参数 nrows、ncols 制定一定数量的绘图空间，然后在第 plot_number 区域上画图，从左边的第 1 个区域开始计数。

```
import numpy as np
import matplotlib. pyplot as plt
# 计算正弦和余弦曲线上的点的 x 和 y 坐标
x = np. arange(0, 3 * np. pi, 0. 1)
y_sin = np. sin(x)
y_cos = np. cos(x)
# 建立 subplot 网格，高为 2，宽为 1
# 激活第一个 subplot
plt. subplot(2, 1, 1)
# 绘制第一个图像
plt. plot(x, y_sin)
plt. title('Sine')
# 将第二个 subplot 激活，并绘制第二个图像
plt. subplot(2, 1, 2)
plt. plot(x, y_cos)
```

```
plt. title('Cosine')
# 展示图像，如图 2-7 所示
plt. show()
```

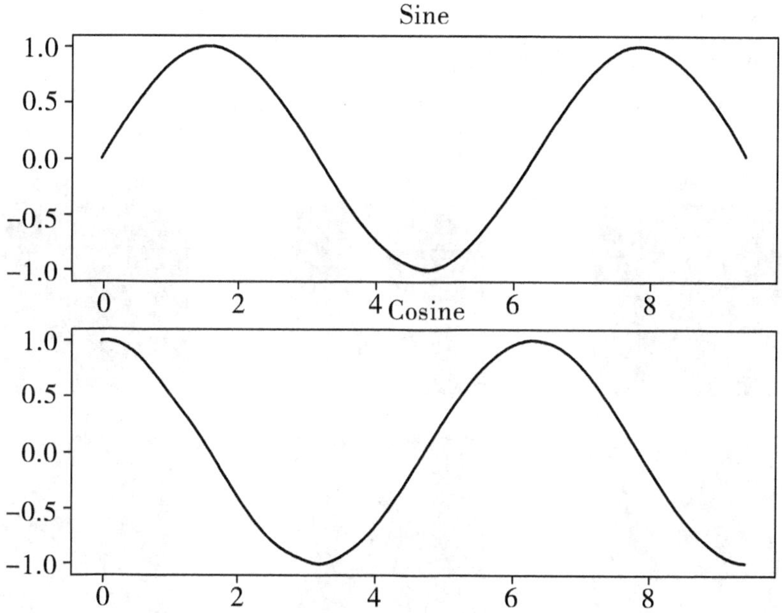

图 2-7　2 行 1 列分块图

```
from PIL import Image
import matplotlib. pyplot as plt
img = Image. open("E:\bookimp\pic\lena. jpg")
gray = img. convert('L')
r,g,b = img. split()#通道分离
img_merged = Image. merge('RGB', (r, g, b))
plt. figure(figsize=(10,5)) #设置窗口大小
plt. suptitle('Multi_Image') # 图片名称
plt. subplot(2,3,1), plt. title('image')
plt. imshow(img), plt. axis('off')
plt. subplot(2,3,2), plt. title('gray')
plt. imshow(gray,cmap='gray'), plt. axis('off') #这里显示灰度图要加 cmap
plt. subplot(2,3,3), plt. title('img_merged')
plt. imshow(img_merged), plt. axis('off')
plt. subplot(2,3,4), plt. title('r')
```

```
plt.imshow(r,cmap='gray'), plt.axis('off')
plt.subplot(2,3,5), plt.title('g')
plt.imshow(g,cmap='gray'), plt.axis('off')
plt.subplot(2,3,6), plt.title('b')
plt.imshow(b,cmap='gray'), plt.axis('off')
plt.show()  # 显示效果如图 2-8 所示
```

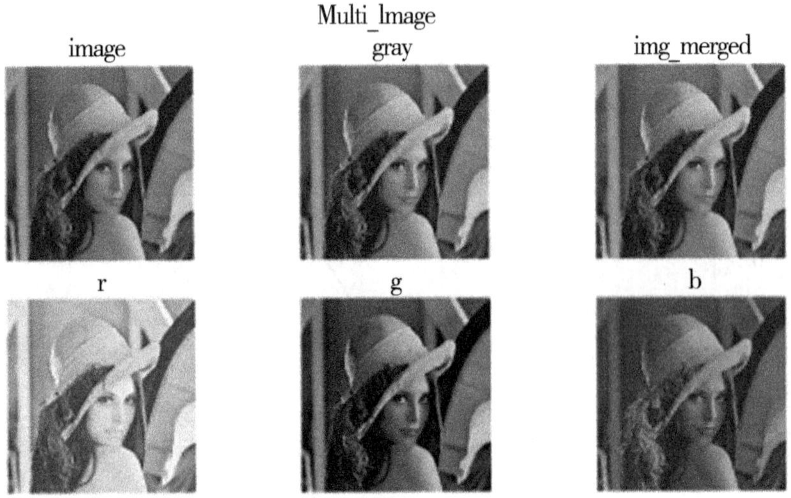

图 2-8　2 行 3 列分块图

2.2.3　图像轮廓和直方图

下面来看两个特别的绘图示例：图像的轮廓和直方图。绘制图像的轮廓（或者其他二维函数的等轮廓线）在工作中非常有用。因为绘制轮廓需要对每个坐标［x，y］的像素值施加同一个阈值，所以首先需要将图像灰度化。

```
from PIL import Image
from pylab import *
#读取图像到数组
img = array(Image.open("E:\bookimp\pic\lena.jpg").convert('L'))
figure() #新建一个图像
gray() #不适用颜色信息
contour(img,origin='image') #在原点的左上角显示轮廓图像
axis('equal')
axis('off')
```

像之前的例子一样，这里用 PIL 的 convert() 方法将图像转换成灰度

图像。

图像的直方图用来表征该图像像素值的分布情况。用一定数目的小区间（bin）来指定表征像素值的范围，每个小区间会得到落入该小区间表示范围的像素数目。该（灰度）图像的直方图可以使用 hist( ) 函数绘制：

```
figure()
plt.hist(data.flatten(),28)
plt.show()
```

hist( ) 函数的第二个参数指定小区间的数目。需要注意的是，因为 hist( ) 只接受一维数组作为输入，所以我们在绘制图像直方图之前，必须先对图像进行压平处理。flatten( ) 方法将任意数组按照行优先准则转换成一维数组。图 2-9 为等轮廓线和直方图图像。

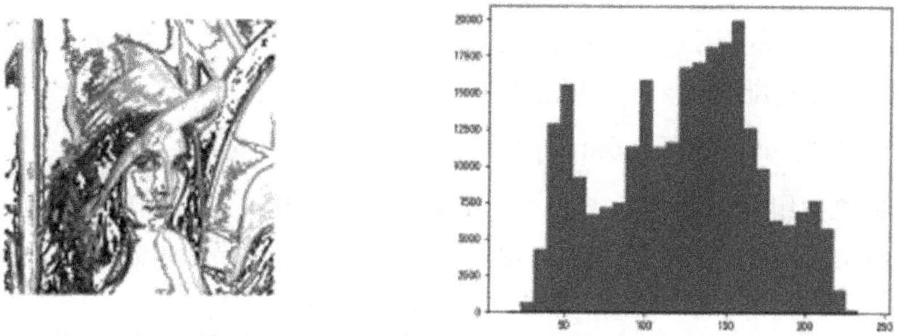

图 2-9　lena 轮廓图与直方图

2.2.4　交互式标注

有时用户需要和某些应用交互，例如，在一幅图像中标记一些点，或者标注一些训练数据。PyLab 库中的 ginput( ) 函数就可以实现交互式标注。下面是一个简短的例子：

```
from PIL import Image
from pylab import *
im = array(Image.open('empire.jpg'))
imshow(im)
print 'Please click 3 points'
x = ginput(3)
print ('you clicked:',x)
show()
```

上面的脚本首先绘制一幅图像，然后等待用户在绘图窗口的图像区域点击三次。程序将这些点击的坐标［x，y］自动保存在 x 列表里。

2.3　NumPy 程序

NumPy(https://numpy. org/)是非常有名的 Python 科学计算工具包，其中包含了大量实用的科学计算工具，比如数组对象（用来表示向量、矩阵、图像等）以及线性代数函数。NumPy 中的数组对象几乎贯穿于本书的所有例子中，数组对象可以帮助你实现数组中重要的操作，比如矩阵乘积、转置、解方程系统、向量乘积和归一化，这为图像变形、对变化进行建模、图像分类、图像聚类等提供了基础。

NumPy 一个用 Python 实现的科学计算，包括：

（1）一个强大的 n 维数组对象 Array。

（2）比较成熟的（广播）函数库。

（3）用于整合代码的工具包。

（4）简单实用的傅里叶变换方程式、线性代数和随机数生成函数的方法。其和 Scipy 搭配使用更加高效便捷。

2.3.1　n 维数组 ndarray

n 维数组 ndarray：int、object、float、string、bool 等数据类型都可以使用，但相同的 ndarray 的数据类型必须相同。ndarray 中重要的函数如表 2-2 所示。

表 2-2　n 维数组对象

函数	说明
array	将输入数据（列表、元组、数组或其他序列类型）转换为 ndarray
asarray	将输入数据转换为 ndarray，如果输入本身就是一个 ndarray，就不进行复制
arrange	类似于 K 的 range、return 的是一个 ndarray 而不是 list
ones、ones_like	根据显示指定的大小和类型创建一个值全为 1 数组。ones_like 以另一个数组为参数，并根据其大小和类型创建一个全 1 数组
zero、zero_like	创建值全为 0 数组
empty、empty_like	新数组只分配内存空间但数组内部为空值
eye、identity	数组为 n x n 单位矩阵

实例 1：

```
import numpy as np
```

```
a = np.array([1,2,3])
print (a)
```

输出结果如下：

```
[1, 2, 3]
```

实例2：

```
import numpy as np
# 默认为浮点数
x = np.ones(5)
print(x)
# 自定义类型
x = np.ones([2,2], dtype = int)
print(x)
```

输出结果为：

```
[1. 1. 1. 1. 1. ]
[[1 1]
 [1 1]]
```

实例3：将列表转换为 ndarray

```
import numpy as np
x = [1,2,3]
a = np.asarray(x)
print (a)
```

输出结果为：

```
[1 2 3]
```

NumPy 数组的维数称为秩（rank），一维数组的秩为1，二维数组的秩为2，以此类推。

在 NumPy 中，每一个线性的数组称为是一个轴（axis），也就是维度（dimensions）。比如说，二维数组相当于是两个一维数组，其中第一个一维数组中每个元素又是一个一维数组。所以一维数组就是 NumPy 中的轴（axis），第一个轴相当于是底层数组，第二个轴是底层数组里的数组。而轴的数量——秩，就是数组的维数。ndarray 对象重要的属性如表2-3所示。

表 2-3　NumPy 的数组中比较重要 ndarray 对象属性

属性	说明
ndarray. ndim	秩，即轴的数量或维度的数量
ndarray. shape	数组的维度大小，对于矩阵，n 行 m 列
ndarray. size	数组元素的总个数，相当于 shape 中 n * m 的值
ndarray. dtype	ndarray 对象的元素类型
ndarray. itemsize	ndarray 对象中每个元素的大小，以字节为单位
ndarray. flags	ndarray 对象的内存信息
ndarray. real	ndarray 元素的实部
ndarray. imag	ndarray 元素的虚部
ndarray. data	包含实际数组元素的缓冲区，因为一般通过数组的索引获取元素，所以通常不需要使用这个属性

使用实例：

```
import numpy as np
a = np. arange(24)
print("a 的值为:\n",a)
print('a 的维度为:',a. ndim) # a 现只有一个维度
print('a 的维度大小为:',a. shape)
# 现在调整其维度大小，给数组一个新的形状而不改变其数据 (reshape)
b = a. reshape(2, 4, 3) # b 现在拥有三个维度
print("b 的值为:\n",b)
print('b 的维度为:',b. ndim)
print('b 的维度大小为:',b. shape)
c = a. reshape(3,8) #c 现只有二个维度
print("c 的值为:\n",c)
print('c 的维度为:',c. ndim)
print('c 的维度大小为:',c. shape)
```

输出结果如下：

```
a 的值为：
[ 0 1 2 3 4 5 6 7 8 9 10 11 12 13 14 15 16 17 18 19 20 21 22 23]
a 的维度为：1
a 的维度大小为：(24,)
```

b 的值为：
[[[0 1 2]
[3 4 5]
[6 7 8]
[9 10 11]]

[[12 13 14]
[15 16 17]
[18 19 20]
[21 22 23]]]
b 的维度为：3
b 的维度大小为：(2, 4, 3)
c 的值为：
[[0 1 2 3 4 5 6 7]
[8 9 10 11 12 13 14 15]
[16 17 18 19 20 21 22 23]]
c 的维度为：2
c 的维度大小为：(3, 8)

基本的矩阵算术运算都可以在二维数组上简单完成，如下面的程序所示。这些运算基本都是应用在元素上。因此，操作符两侧的数组必须是同样维度的。如果维度不一样，运算会导致运行时错误。下面的程序将演示一维数组的算术运算：

```
Import numpy as np
x = np.narrry([4,5,6])
y = np.narrry([1,2,3])
print x + y          #输出[5 7 9]
print x * y          #输出[4 10 18]
print x - y          #输出[3 3 3]
print x / y          #输出[4 2 2]
print x % y          #输出[0 1 0]
```

上面都是一些简单的 NumPy 的程序示例，在 Python 中 NumPy 是数值计算的基础，其最基本和最重要的创意是支持多维数组的计算。Numpy 支持各种基础和高级的数学函数。NumPy 包含一些子包和子模块，可以支持高级的数学计算。

2.3.2　图像的数组表示

在先前的例子中，当载入图像时，我们通过调用 array( ) 方法将图像转换成 NumPy 的数组对象，但当时并没有进行详细介绍。NumPy 中的数组对象是多维的，可以用来表示向量、矩阵和图像。一个数组对象很像一个列表（或者是列表的列表)，但是数组中所有的元素必须具有相同的数据类型。除非创建数组对象时指定数据类型，否则数据类型会按照数据的类型自动确定。对于图像数据，下面的例子阐述了这一点。

```
from PIL import Image
from numpy import *
im = array(Image.open("E:\bookimp\pic\lena.jpg"))
print(im.shape, im.dtype)
im= array(Image.open("E:\bookimp\pic\lena.jpg").convert('L'),'f')
print( im.shape, im.dtype)
```

控制台输出结果如下所示：

```
(512, 512, 3) uint8
(512, 512) float32
```

每行的第一个元组表示图像数组的大小（行、列、颜色通道)，紧接着的字符串表示数组元素的数据类型。因为图像通常被编码成无符号八位整数(uint8)，所以在第一种情况下，载入图像并将其转换到数组中，数组的数据类型为“uint8”。在第二种情况下，对图像进行灰度化处理，并且在创建数组时使用额外的参数“f”，该参数将数据类型转换为浮点型。注意，因为灰度图像没有颜色信息，所以在形状元组中，它只有两个数值。

数组中的元素可以使用下标访问。位于坐标 i、j，以及颜色通道 k 的像素值可以像下面这样访问：

```
value = im[i,j,k]
```

2.3.3　灰度变换

将图像读入 NumPy 数组对象后，我们可以对它们执行任意数学操作。一个简单的例子就是图像的灰度变换。考虑任意函数 f，它将 0…255 区间（或者 0…1 区间）映射到自身（意思是说，输出区间的范围和输入区间的范围相同)。下面是关于灰度变换的一些例子：

```
import matplotlib.pyplot as plt
from PIL import Image
```

```
from numpy import *
im = array(Image.open("E:\bookimp\pic\lena.jpg").convert('L'))
im1 = 255 - im # 对图像进行反相处理
plt.figure()
plt.imshow(im1)
plt.title('f(x)=255-x')
im2 = (100.0/255) * im + 100 # 将图像像素值变换到 100…200 区间
plt.figure()
plt.imshow(im2)
plt.title('f(x)=(100.0/255.0) * x+100')
im3 = 255.0 * (im/255.0) * *2 # 对图像像素值求平方后得到的图像
plt.figure()
plt.imshow(im3)
```

第一个例子将灰度图像进行反相处理；第二个例子将图像的像素值变换到 100…200 区间；第三个例子对图像使用二次函数变换，使较暗的像素值变得更小。图 2-10 是输出的图像结果。

图 2-10　lena 灰度变换图

你可以使用下面的命令查看图像中的最小和最大像素值：

```
print(int(im.min()), int(im.max()))
print(int(im1.min()), int(im1.max()))
print(int(im2.min()), int(im2.max()))
print(int(im3.min()), int(im3.max()))
```

如果试着对上面例子查看最小值和最大值，可以得到下面的输出结果：

```
15 242
13 240
105 194
0 229
```

array( )变换的相反操作可以使用 PIL 的 fromarray( )函数完成：

```
pil_im = Image. fromarray(im)
```

如果你通过一些操作将“uint8”数据类型转换为其他数据类型，比如之前例子中的 im2 或者 im3，那么在创建 PIL 图像之前，需要将数据类型转换回来：

```
pil_im = Image. fromarray(uint8(im))
```

如果你并不十分确定输入数据的类型，安全起见，应该先转换回来。注意，NumPy 总是将数组数据类型转换成能够表示数据的“最低”数据类型。对浮点数做乘积或除法操作会使整数类型的数组变成浮点类型。

2.3.4　直方图均衡化

图像灰度变换中一个非常有用的例子就是直方图均衡化。直方图均衡化是指将一幅图像的灰度直方图变平，使变换后的图像中每个灰度值的分布概率都相同。在对图像做进一步处理之前，直方图均衡化通常是对图像灰度值进行归一化的一个非常好的方法，并且可以增强图像的对比度。

在这种情况下，直方图均衡化的变换函数是图像中像素值的累积分布函数（Cumulative Distribution Function，简写为 CDF，将像素值的范围映射到目标范围的归一化操作）。

下面的函数是直方图均衡化的具体实现。

```
def histeq(im,nbr_bins=256):
""" 对一幅灰度图像进行直方图均衡化 """
# 计算图像的直方图
imhist,bins = histogram(im. flatten(),nbr_bins,normed=True)
cdf = imhist. cumsum() # cumulative distribution function
cdf = 255 * cdf / cdf[-1] # 归一化
# 使用累积分布函数的线性插值,计算新的像素值
im2 = interp(im. flatten(),bins[:-1],cdf)
return im2. reshape(im. shape), cdf
```

该函数有两个输入参数，一个是灰度图像，一个是直方图中使用小区间的数目。函数返回直方图均衡化后的图像，以及用来做像素值映射的累积分布函数。注意，函数中使用到累积分布函数的最后一个元素（下标为 -1），目的是将其归一化到 0…1 范围。你可以像下面这样使用该函数：

```
import matplotlib. pyplot as plt
import matplotlib
from PIL import Image
```

```
from numpy import *
zhfont1 = matplotlib.font_manager.FontProperties(fname="SimHei.ttf")
im = array(Image.open("E:\bookimp\pic\lena.jpg").convert('L'))
im2,cdf = histeq(im)
plt.subplot(2,2,1)
plt.hist(im.flatten(),128)
plt.subplot(2,2,2)
plt.hist(im2.flatten(),128)
plt.subplot(2,2,3)
plt.imshow(im)
plt.xlabel('变换前', fontproperties=zhfont1)
plt.subplot(2,2,4)
plt.imshow(im2)
plt.xlabel('变换后', fontproperties=zhfont1)
plt.show()
```

图 2-11 为上面直方图均衡化例子的结果。上面一行显示的分别是直方图均衡化之前和之后的灰度直方图，以及累积概率分布函数映射图像。可以看到，直方图均衡化后图像的对比度增强了，原先图像灰色区域的细节变得清晰。

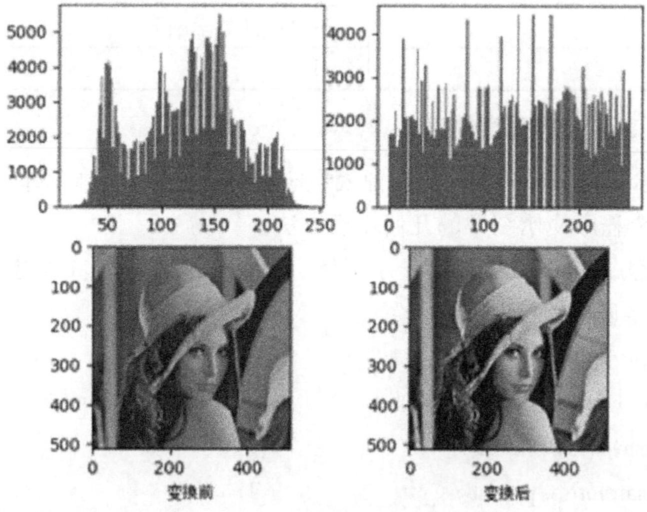

图 2-11　lena 灰度变换图

2.3.5　SciPy 程序包

SciPy 是对 Python 的 NumPy 的功能拓展，它提供了许多的高级数学函数的使用，如积分、微分、优化方法、微分方程、数值分析、高级统计函数、方程式求解等。SciPy 是在 NumPy 数组框架的基础上实现的。它对数组的基本运算进行扩展，以满足人们对解决问题时需要用到的大部分数学计算功能。

Scipy 是由针对特定任务的子模块组成，如表 2-4 所示。

表 2-4　SciPy 的子模块组成

模块名	应用领域
scipy. cluster	向量计算 Kmeans
scipy. constants	物理和数学常量
scipy. fflpack	傅立叶变换
scipy. integrate	积分程序
scipy. interpolate	插值
scipy. io	数据的输入输出
scipy. linalg	线性代数程序
scipy. ndimage	n 维图像包
scipy. odr	正交距离回归
scipy. optimize	优化
scipy. signal	信号处理
scipy. sparse	稀疏矩阵
scipy. spatial	空间数结构和算法
scipy. special	一些特殊的数学函数
scipy. stats	统计

2. 3. 6　SciPy 的图像处理

下面两个程序演示 SciPy 的图像处理应用。第一个程序显示标准测试图像方法，第二个程序演示图像的几何变换方法。

第一个程序使用 Matplotlib 显示图像。imshow( ) 方法将 n 维数组渲染为图像，show( ) 将显示图像。

```
form scipy import misc
l = misc. lena( )
misc. imsave('1. png ',1)
import matplotlib. pyplot as plt
plt. gray( )
plt. imshow(1)
plt. show( )
```

这个程序的输出结果如图 2-12 所示。

图 2-12　显示图像

下面将完成程序的几何变换：

```
lena = scipy. lena( )
2x, 2y = lena. shape
# Cropping
crop_lena = lena[2x/4:-2x/4,? 2y/4:-2y/4]
# up <-> down flip
flip_ud_lena = np. flipud(lena)
# rotation
rotate_lena = ndimage. rotate(lena, 45)
rotate_lena_noreshape = ndimage. rotate(lena,45,reshape=False)
```

输出结果如图 2-13 所示。

图 2-13　SciPy 的几何变化

第 3 章　图像识别基础知识

3.1　图像特征

图像特征包括颜色特征、纹理特征、形状特征和空间关系特征。由于多媒体技术的不断发展，许多图像特征被发掘和利用，据此为进一步的图像处理提供了极大的方便。我们可以针对一幅图像，根据我们的需求来对图像中的特征进行提取，这样图像就会有很多不同形式的表达方式，从每个角度的不同特征来反映图像在特定维度中的特点。

3.1.1　颜色特征

颜色特征可以代表一种全局特征，是一种非常适合描述图像区域相对应场景表面的属性。颜色特征是基于像素的特征，由于颜色特征对于属于图像区域的方向和大小不敏感，使得颜色特征的对捕捉图像中对象的局部特征并不好。

除此之外，如果数据库很大，若此时还使用颜色功能进行查询时，就会从数据库中检索出很多我们并不需要的数据。

颜色特征描述方法分类：

1. 颜色直方图

简单地描述图像中颜色的全局分布是它最大的优点。即在整个图像中不同颜色的比例，对于那些很难自动分割以及不用考虑对象空间位置的这类图像是非常实用的。

一般说完优点就是表明其是有缺点的，毕竟万事都不可能完美。它的缺点就是对于那些图像中的颜色局部分布和每一种颜色在空间中的位置是不能进行描述的。

最常用的颜色空间：RGB 颜色空间、HSV 颜色空间。

颜色直方图特征匹配方法：直方图相交法、距离法、中心距法、参考颜色表法、累加颜色直方图法。

2. 颜色集

颜色直方图法是一种全局颜色特征提取与匹配方法，无法区分局部颜色信息。颜色集是对颜色直方图的一种近似，首先，将图像从 RGB 颜色空间转化成视觉均衡的颜色空间（如 HSV 空间），并将颜色空间量化成若干个柄；然后，用色彩自动分割技术将图像分为若干区域，每个区域用量化颜色空间的某个颜色分量来索引，从而将图像表达为一个二进制的颜色索引集。在图像匹配中，比较不同图像颜色集之间的距离和色彩区域的空间关系。

3. 颜色矩（颜色分布）

这种方法的数学基础在于：图像中任何的颜色分布均可以用它的矩来表示。此外，由于颜色分布信息主要集中在低阶矩中，因此仅采用颜色的一阶矩（mean）、二阶矩（variance）和三阶矩（skewness）就足以表达图像的颜色分布。

4. 颜色相关图

图像颜色分布的另一种表现形式是颜色相关图。该特征不仅描述了一种颜色的像素数占整个图像的比例，而且反映了不同颜色对之间的空间相关性。与颜色直方图以及颜色聚集向量相比较，颜色相关图的优势是对于一些关系一致的图像有着更高的检索效率。

为了照顾到每一种颜色之间都具有相关性，这导致了一个问题就是颜色相关图变得越来越复杂和庞大（空间复杂性为 O（N2d））。但是有一种颜色自相关图例外，它的空间复杂度很低（降到了 O（Nd）），是因为这种方法只考察具有相同颜色的像素间的空间关系。

5. 颜色聚合向量

其核心思想是：将直方图中每一个柄的像素分成两部分，若该柄内的某些像素所占据的连续区域的面积大于给定的阈值，则该区域内的像素作为聚合像素，否则作为非聚合像素。

3.1.2　纹理特征

纹理特征也是一种全局特征，它也描述了图像或图像区域所对应景物的表面性质。但由于纹理只是一种物体表面的特性，并不能完全反映出物体的本质属性，因此仅仅利用纹理特征是无法获得高层次图像内容的。与颜色特征不同，纹理特征不是基于像素点的特征，它需要在包含多个像素点的区域中进行统计计算。在模式匹配中，这种区域性的特征具有较大的优越性，不会由于局部的偏差而无法匹配成功。作为一种统计特征，纹理特征常具有旋转不变性，并且对于噪声有较强鲁棒性。但是，纹理特征也有其缺点，一个很明显的缺点是当图像的分辨率变化的时候，所计算出来的纹理可能会有较大偏差。另外，由于有可能受到光照、反射情况的影响，从 2-D 图像中反映出来的纹理不一定是 3-D 物体表面真实的纹理。

与颜色特征相比，纹理特征在图案匹配中具有更高的区域特征优势。局部偏差不会影响匹配的成功。其优点是旋转不变性和抗噪声能力强。

例如，水中的倒影、光滑的金属面互相反射造成的影响等都会导致纹理的变化。由于这些不是物体本身的特性，因而将纹理信息应用于检索时，有时这些虚假的纹理会对检索造成"误导"。

在检索具有粗细、疏密等方面较大差别的纹理图像时，利用纹理特征是一种有效的方法。但当纹理之间的粗细、疏密等易于分辨的信息之间相差不大的时候，通常的纹理特征很难准确地反映出人的视觉感觉不同的纹理之间的差别。

纹理特征描述方法有以下几种分类。

1. 统计方法

统计方法的典型代表是一种称为灰度共生矩阵 GLCM 的纹理特征分析方法。Gotlieb 和 Kreyszig 等人在研究共生矩阵中各种统计特征基础上，通过实验，得出灰度共生矩阵的四个关键特征：能量、惯量、熵和相关性。统计方法中另一种典型方法，则是从图像的自相关函数（即图像的能量谱函数）提取纹理特征，即通过对图像的能量谱函数的计算，提取纹理的粗细度及方向性等特征参数。

2. 几何方法

所谓几何方法，是建立在纹理基元（基本的纹理元素）理论基础上的一种纹理特征分析方法。纹理基元理论认为，复杂的纹理可以由若干简单的纹理基元以一定的有规律的形式重复排列构成。

在几何法中，比较有影响的算法有两种：Voronio 棋盘格特征法和结构法。

3. 模型方法

模型方法以图像的构造模型为基础，采用模型的参数作为纹理特征。典型的方法是随机场 CRF 模型法，如马尔可夫（Markov）随机场（MRF）模型法和 Gibbs 随机场模型法。

4. 信号处理法

信号处理法的经典算法有灰度共生矩阵、Tamura 纹理特征、自回归纹理模型、小波变换等。

灰度共生矩阵特征提取与匹配主要依赖于能量、惯量、熵和相关性四个参数。Tamura 纹理特征基于人类对纹理的视觉感知心理学研究，提出六种属性，即粗糙度、对比度、方向度、线像度、规整度和粗略度。自回归纹理模型（simultaneous auto-regressive，SAR）是马尔可夫随机场（MRF）模型的一种应用实例。

3.1.3　形状特征

各种基于形状特征的检索方法都可以比较有效地利用图像中感兴趣的目标来进行检索，但它们也有一些共同的问题，包括：

（1）目前基于形状的检索方法还缺乏比较完善的数学模型。

（2）如果目标有变形时检索结果往往不太可靠。

（3）许多形状特征仅描述了目标局部的性质，要全面描述目标常对计算时间和存储量有较高的要求。

（4）许多形状特征所反映的目标形状信息与人的直观感觉不完全一致，或者说，特征空间的相似性与人视觉系统感受到的相似性有差别。

另外，从2-D 图像中表现的3-D 物体实际上只是物体在空间某一平面的投影，从2-D 图像中反映出来的形状常不是3-D 物体真实的形状，由于视点的变化，可能会产生各种失真。

通常情况下，典型的形状特征描述方法有两类表示方法，一类是轮廓特征，另一类是区域特征。图像的轮廓特征主要针对物体的外边界，而图像的区域特征则关系整个形状区域。

形状特征描述方法有以下几种分类。

1. 边界特征法

该方法通过对边界特征的描述来获取图像的形状参数。其中 Hough 变换检测平行直线方法和边界方向直方图方法是经典方法。Hough 变换是利用图像全局特性而将边缘像素连接起来组成区域封闭边界的一种方法，其基本思想是点—线的对偶性；边界方向直方图法首先微分图像求得图像边缘，然后作出关于边缘大小和方向的直方图，通常的方法是构造图像灰度梯度方向矩阵。

2. 傅里叶形状描述符法

傅里叶形状描述符（Fourier shape deors）基本思想是用物体边界的傅里叶变换作为形状描述，利用区域边界的封闭性和周期性，将二维问题转化为一维问题。由边界点导出三种形状表达，分别是曲率函数、质心距离和复坐标函数。

3. 几何参数法

形状的表达和匹配采用更为简单的区域特征描述方法，如采用有关形状定量测度（如矩、面积、周长等）的形状参数法（shape factor）。在 QBIC 系统中，便是利用圆度、偏心率、主轴方向和代数不变矩等几何参数，进行基于形状特征的图像检索。

需要说明的是，形状参数的提取，必须以图像处理及图像分割为前提，参数的准确性必然受到分割效果的影响，对分割效果很差的图像，形状参数甚至无法提取。

4. 形状不变矩法

该方法利用目标所占区域的矩作为形状描述参数。

5. 其他方法

近年来，在形状的表示和匹配方面的工作还包括有限元法（Finite Element Method，FEM）、旋转函数（Turning）和小波描述符（Wavelet Deor）等方法。

3.1.4　空间关系特征

所谓空间关系，是指图像中分割出来的多个目标之间的相互的空间位置或相对方向关系，这些关系也可分为连接/邻接关系、交叠/重叠关系和包含/包容关系等。通常空间位置信息可以分为两类：相对空间位置信息和绝对空间位置信息。前一种关系强调的是目标之间的相对情况，如上下左右关系等，后一种关系强调的是目标之间的距离大小以及方位。显而易见，由绝对空间位置可推出相对空间位置，但表达相对空间位置信息常比较简单。

空间关系特征的使用可加强对图像内容的描述区分能力，但空间关系特征常对图像或目标的旋转、反转、尺度变化等比较敏感。另外，实际应用中，仅仅利用空间信息往往是不够的，不能有效准确地表达场景信息。为了检索，除使用空间关系特征外，还需要其他特征来配合。

空间关系特征提取与匹配方法提取图像空间关系特征可以有两种方法：一种方法是首先对图像进行自动分割，划分出图像中所包含的对象或颜色区域，然后根据这些区域提取图像特征，并建立索引；另一种方法则简单地将图像均匀地划分为若干规则子块，然后对每个图像子块提取特征，并建立索引。

姿态估计问题：确定某一三维目标物体的方位指向问题。姿态估计在机器人视觉、动作跟踪和单照相机定标等很多领域都有应用。在不同领域用于姿态估计的传感器是不一样的，在这里主要讲基于视觉的姿态估计。

基于视觉的姿态估计根据使用的摄像机数目又可分为单目视觉姿态估计和多目视觉姿态估计。根据算法的不同又可分为基于模型的姿态估计和基于学习的姿态估计。

1. 基于模型的姿态估计方法

基于模型的方法通常利用物体的几何关系或者物体的特征点来估计。其基本思想是利用某种几何模型或结构来表示物体的结构和形状，并通过提取某些物体特征，在模型和图像之间建立起对应关系，然后通过几何或者其他方法实现物体空间姿态的估计。这里所使用的模型既可能是简单的几何形体，如平面、圆柱，又可能是某种几何结构，也可能是通过激光扫描或其他方法获得的三维模型。

基于模型的姿态估计方法是通过比对真实图像和合成图像，进行相似度计算更新物体姿态。目前，基于模型的方法为了避免在全局状态空间中进行优化搜索，一般都将优化问题先降解成多个局部特征的匹配问题，非常依赖于局部特征的准确检测。当噪声较大无法提取准确的局部特征的时候，该方法的鲁棒性受到很大影响。

2. 基于学习的姿态估计方法

基于学习的方法借助于机器学习（machine learning）方法，从事先获取的不同姿态下的训练样本中学习二维观测与三维姿态之间的对应关系，并将学习得到的决策规则或回归函数应用于样本，所得结果作为对样本的姿态估计。基于学习的方法一般采用全局观测特征，不需检测或识别物体的局部特征，具有较好的鲁棒性。其缺点是由于无法获取在高维空间中进行连续估计所需要的密集采样，因此无法保证姿态估计的精度与连续性。

基于学习的姿态估计方法源于姿态识别方法的思想。姿态识别需要预先定义多个姿态类别，每个类别包含了一定的姿态范围；然后为每个姿态类别标注若干训练样本，通过模式分类的方法训练姿态分类器以实现姿态识别。

这一类方法并不需要对物体进行建模，一般通过图像的全局特征进行匹配分析，可以有效地避免局部特征方法在复杂姿态和遮挡关系情况下出现的特征匹配歧义性问题。然而姿态识别方法只能将姿态划分到事先定义的几个姿态类别中，并不能对姿态进行连续的精确的估计。

基于学习的方法一般采用全局观测特征，可以保证算法具有较好的鲁棒性。然而这一类方法的姿态估计精度很大程度依赖于训练的充分程度。要想比较精确地得到二维观测与三维姿态之间的对应关系，就必须获取足够密集的样本来学习决策规则和回归函数。而一般来说所需要样本的数量是随状态空间的维度指数级增加的，对于高维状态空间，事实上不可能获取进行精确估计所需要的密集采样。因此，无法得到密集采样而难以保证估计的精度与连续性，是基于学习的姿态估计方法无法克服的根本困难。

和姿态识别等典型的模式分类问题不同的是，姿态估计输出的是一个高维的姿态向量，而不是某个类别的类标。因此，这一类方法需要学习的是一个从高维观测向量到高维姿态向量的映射，目前这在机器学习领域中还是一个非常困难的问题。

3.2　图像局部特征

图像特征包括两方面的内容：第一，全局特征。全局特征提取整个图像中的形状、颜色和纹理作为特征，不会局限于图像中的某个区域或目标。在这种情况下，全局特性适合于描述。但是全局特征的缺点是不能识别出图像的前景和背景，尤其在受到遮挡的情况下，全局特征很容易失败。第二，局部特征。局部特征只表现图像本身的局部内容，具有唯一性，所以适合于图像的识别等相关应用。

局部特征，可以把这个局部概括为一种模式，在这种模式下，图像中的像素与其相邻点或区域不同，使得特征不仅能够稳定存在，还具有极高的可区分度，在并未对图像全部遮挡的情况下，仍然能够代表某个目标对象（甚至这幅图像）。局部特征可以是边缘的点、边缘的线或区域，如图 3-1 所示。

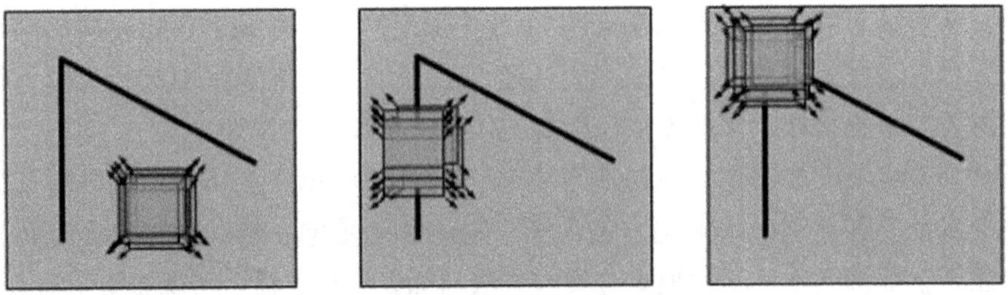

（a）区域　　（b）线　　（c）点

图 3-1　图像局部特征模式

局部特征可以是图像的任意子集。图 3-2 是图像局部特征的例子。左图是提取的几个对象的特征，其中左边一列是完整的图像，中间一列是一些角点，右边一列则是除去角点之外的边。右图中图像上标记的点为提取出的特征点，主要存在于角点和边缘区域。

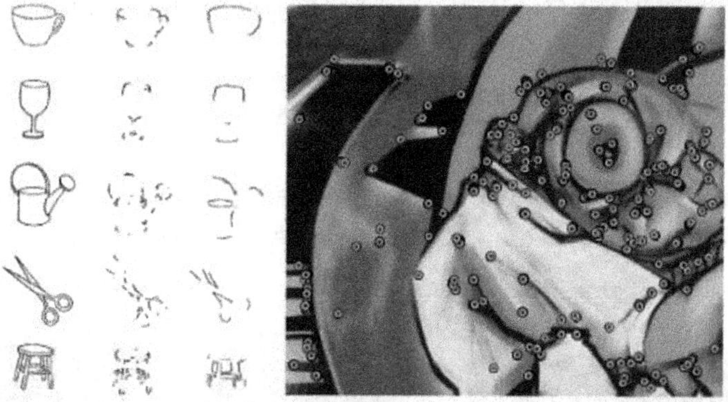

图 3-2　图像局部特征示例

传统的图像局部特征应用流程主要由特征点检测、特征向量建立和特征匹配三要素构成，如图 3-3 所示。其中，特征提取和特征描述是该过程的重要组成部分。

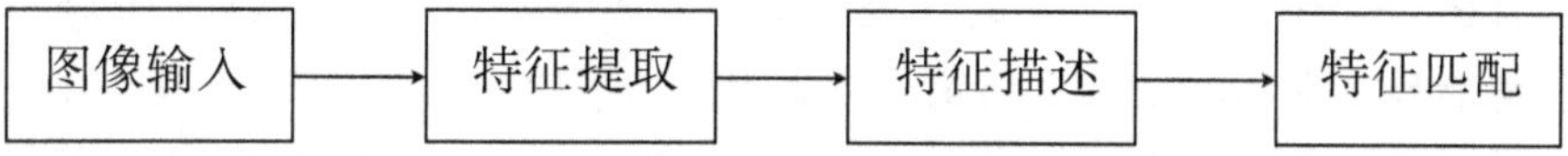

图 3-3　局部特征的应用流程

3.3　局部特征描述子

局部特征的描述，常常也被称为局部特征描述子，它拥有丰富的局部特征的信息，一般以一个向量或二进制串的形式存在，在图像受到形变、遮挡以及缩放时，仍然可以描述出图像的信息，并具有唯一性。在这种情况下，利用局部特征描述子在相似图像中寻找对应点以及描述目标特征。

局部特征描述符的描述能力越强，说明其拥有愈加丰富而充分的特征信息，能够比较完整地描述出特征区域的图像特征，也就是说，这种局部特征描述子在不同的局部特征区域具有唯一性和明显的区分性。然而，一个可区分性较强的局部特征描述子通常不具有很强的不变性，当我们在描述某些局部图像内容时，对该图像内容稍微做一点变动，可能就会对其特征描述子产生很大的影响，从而使该特征描述方式具有很高的区分度。另外，受到旋转变化等情况下的相同的局部图像内容，特征描述符也会产生较大的差异，也就使它更具有明显的区分性，而此时它的不变性是比较弱的。所以，一个优秀的局部特征描述子不仅可以自动建立图像间的点与点之间的可靠对应关系，还应该对噪音干扰和旋转角度、尺度、视角等各方面的变化具有更好的鲁棒性。

在众多的局部特征描述子中，Lowe 构造的经典的高区分度的局部特征描述子 SIFT 是其中应用最广的。

3.4　高斯模糊

高斯模糊是图像卷积的一个经典例子。在 SIFT 特征提取中，高斯模糊是求解高斯金字塔和差分高斯金字塔的必要过程。在图形中，模糊就是将图像中各个像素点的值设置为附近像素点的平均值的一个过程。

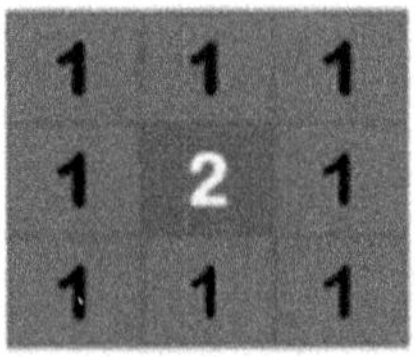

图 3-4　高斯模糊原理理解

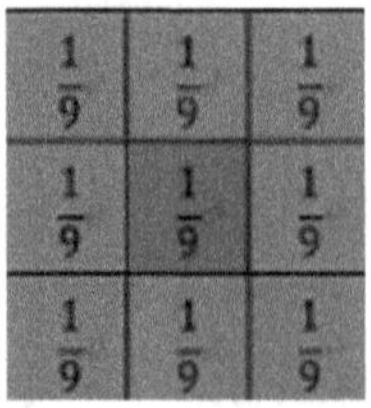

图 3-5　卷积算子

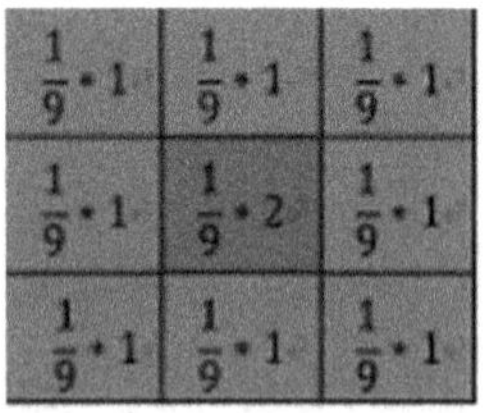

图 3-6　计算求和

在图 3-4 中，中间点是 2，1 是周边点。如图 3-5 所示是所构造的卷积算子，然后计算求和如图 3-6 所示。将周边点的平均值作为中间点，即 10/9。

这就是实现模糊效果，经过此过程的处理，中间点失去细节特征。而高斯模糊是通过利用正态分布计算图像中每个像素变换的图像模糊滤波器。如图 3-7 所示，从其图像中可以看出，距离中心比较近的点，其值就大一些，而距离中心比较远的点，其值就偏小。因此，在计算平均值时，以“中心点”为原点，其他周边点则根据其在曲线上所处的位置赋予权重，最后计算加权平均值。

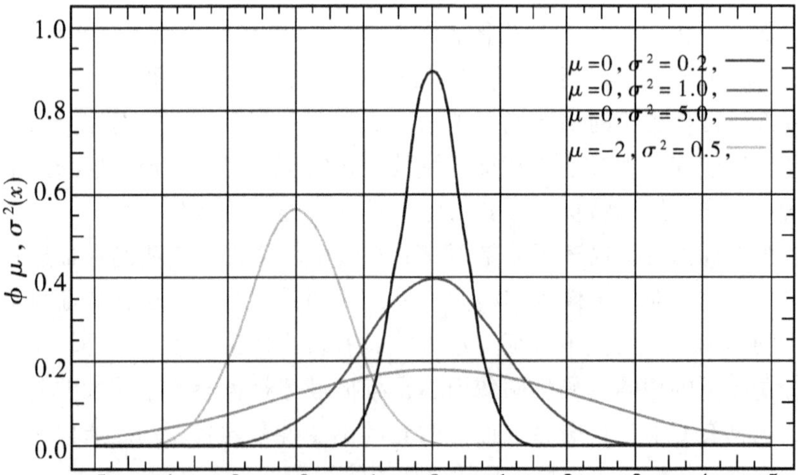

图 3-7　高斯函数

在一维表达式$f(x)=\frac{1}{\sigma\sqrt{2\pi}}\mathrm{e}^{-\frac{(x-\mu)^2}{2\sigma^2}}$中，将中心点作为原点，则$\mu=0$,即$f(x)=\frac{1}{\sigma\sqrt{2\pi}}\mathrm{e}^{-\frac{x^2}{2\sigma^2}}$。图像是二维的，表达式为$G(x,y)=\frac{1}{2\pi\sigma^2}\mathrm{e}^{-\frac{x^2+y^2}{2\sigma^2}}$。

使用二维高斯函数计算每个点的权值，举一个例子对其具体过程做深入理解。假定有9个点，其中中心点的坐标为（0，0），模糊半径为1，则中心点周围的8个点的坐标如图3-8所示。设定$\sigma=1.5$，计算得权重矩阵如图3-9所示。并将所有权重进行求和得0.4787147，此时为了计算它们的加权平均值，对这9个值分别除以0.4787147，使权重之和等于1，计算得到最终的权重矩阵，如图3-10所示。

(-1，1)	(0，1)	(1，1)
(-1，0)	(0，0)	(1，0)
(-1，-1)	(0，-1)	(1，-1)

图3-8　相邻点

0.0453542	0.0566406	0.0453542
0.0566406	0.0707355	0.0566406
0.0453542	0.0566406	0.0453542

图3-9　权重矩阵

0.0947416	0.118318	0.0947416
0.118318	0.147761	0.119318
0.0947416	0.118318	0.0947416

图3-10　最终权重矩阵

利用权值矩阵来计算高斯模糊值。例如，此时有9个像素点，它们的灰度值都在0～255，假定为14，15，16，24，25，26，34，35，36，将各个点分别乘以自身的权重值并求和，此时的计算结果就为中心点的高斯模糊值，对所有点执行这个操作，就能实现图像的高斯模糊。对于彩色图像，需要分别对RGB的三个通道做高斯模糊，如3-11所示。

14	15	16
24	25	26
34	35	36

14×0.0947416	15×0.118318	16×0.0947416
24×0.118318	25×0.147761	26×0.119318
34×0.0947416	35×0.118318	36×0.0947416

1.32638	1.77477	1.51587
2.83963	3.69403	3.07627
3.22121	4.14113	3.4107

图3-11　高斯模糊值

3.5　图像处理基础

3.5.1　图像分割的阈值选择

通常情况下，图像的不同区域具有不同的特性，而灰度图像分割的依据是相邻像素灰度值的不连续性和相似性，即子压域内部的像素一般具有灰度相似性，而在区域之间的边界上一般具有灰度不连续性。

阈值分割是基于图像的灰度值的差异将图像分割成背景和对象的方法。阈值分割的核心是阈值选择的问题。

一般需要分割的图像阈值选择方法有多种多样，下面简单地举例说明：

（1）迭代法阈值分割，这是基于逼近的思想寻找出一幅图中比较合适的分割阈值。它能够在初始条件中设定一个阈值，然后进行迭代运算，以多次的运算更新设定的这一个值，继而得到合适的分割阈值。

（2）直方图阈值选择法，其阈值主要通过分析图像的灰度直方图来进行确定。一幅图像是由物体和其背景两部分而组成，其中，图 3-12 的灰度级直方图呈现明显的双峰值，通过选取双峰间的谷底灰度值 T 作为这幅图像的分割阈值进行分割。

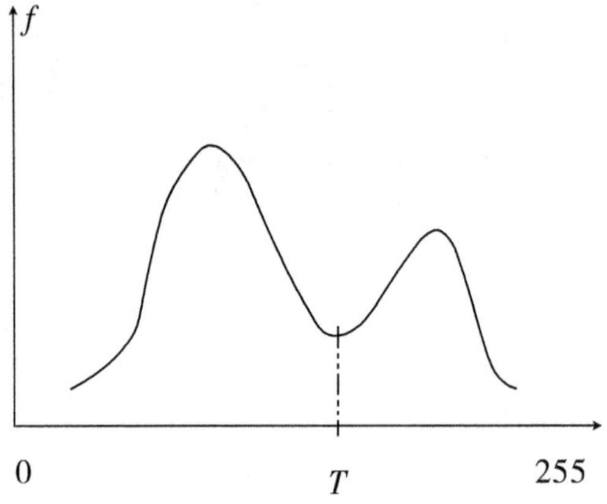

图 3-12　直方图阈值

（3）大律法阈值分割，是一种自适应的阈值确定的方法，又叫最大类间方差法，简称 OTSU。这种方法能够假设图像中的信息目标和背景所构成的密度函数是通过两个服从等方差正态分布的子分布构成的。将目标信息以及背景之间的分割阈值设为 T，目标信息所占面积设为 ω_0，背景信息所占的面积为 ω_1，目标信息平均灰度为 μ_0，背景信息平均灰度为 μ_1，类间方差记为 g。

$$\mu=\omega_0\times\mu_0+\omega_1\times\mu_1$$

$$g=\omega_0\times(\mu_0-\mu)^2+\omega_1\times(\mu_1-\mu)^2$$

得出的方差值通过放入一副图像大小与其本身的像素以及灰度值进行比较，便可计算出该副图像的阈值 T。就其方法而言，此种方式较为复杂，需求多种图像的信息。但就以阈值的准确取值而言，此种类型的方法较为准确。

3.5.2　二值化以及平滑处理

利用一定的阈值将图像处理成两大数据部分，将这两段数据部分的特征值统计归类，此种方法就是对图像二值化处理。通过将一副图像的目标物体、背景以及噪声从各式各样的信息之中形成分类，提取目标。界定阈值 T，使一部分数据大于这个 T，一部分数据小于这个 T，统计为两大像素群。这是研究灰度 T 变换最特殊的方法。

二值化处理通过非零取一、固定阈值、双固定阈值等不同的阈值化变换方法使一幅灰度图变成了黑白二值图像，将我们所需的目标部分从复杂背景中脱离出来，以利于以后的计算。

阈值变换的表达式如下，T 为制定的阈值，小于 T 我们将它定义一类名称，设为黑，取反的值定义为白。T 经过阈值处理后的图像就变成了一副黑白二值图。

在许多情况下，人们不清楚引起图像降质的具体物理过程及其数学模型，但却能根据经验估计出使图像降质的一些可能原因，针对这些原因采取简便有效的方法改善图像质量。

为了使镜像图形的边界显示清晰或者降低产生的偏差值，通过采用中值滤波来进行图像增强。

中值滤波法是一种较为常见的处理噪声的非线性处理方法，它通过将一副图像中的各个像素点的灰度值设置成该点内与其邻边周围所有像素点灰度值的中值，以此来抑制或者消除噪声。

以一般的数学方法来说，以一维角度，拥有 n 个数组，大小顺序排列，n 为奇数，则位于全列数组的中间数组则是预定的中值，就能说这个数组为范围内所有值的平均值，通过将该范围内的所有数组设置为该数组，以此方式来减小其中的差异，也可通过宫格的方式来此说明，如图 3-13 所示。

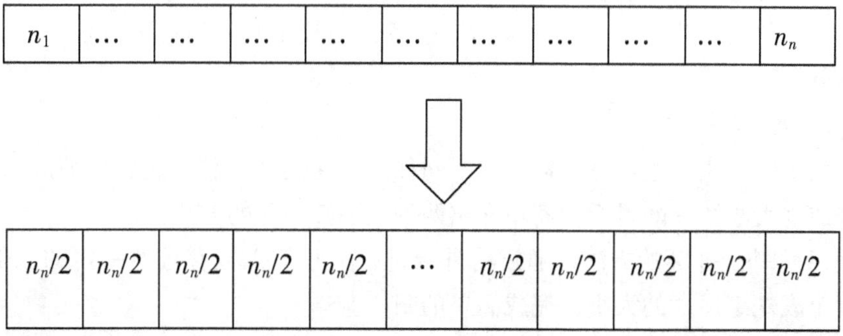

图 3-13　中值说明

以一副图像的角度来说，通过以平面的方式类比上述的中值取法的方式，能够很明显地将噪点消除，如图 3-14 所示。

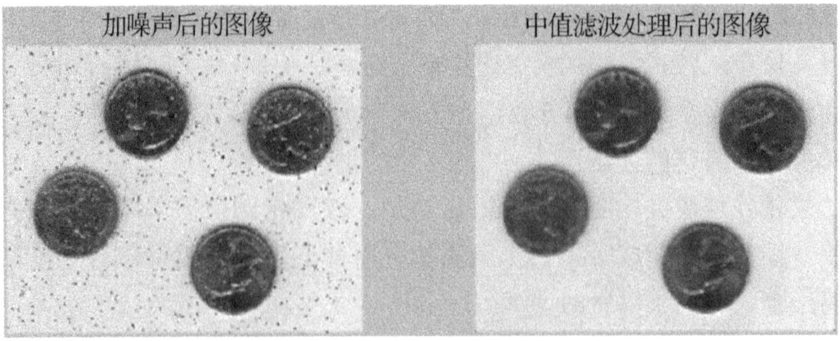

图 3-14　中值滤波

通过调整某种图像中的滤波使得该像素的输出值等于领域像素的灰度中值。中值滤波的方法运算简单、易于实现，而且能较好地保护边界。有时会失去图像中的细线和小块的目标区域，但相比其他图像增强方法影响最小。

3.5.3　图像归一化

图像归一化是指在图像中进行一系列标准处理变换以将其变换为称为标准化图像的固定标准形式的过程。

通过处理的图像如若没有进行归一化处理，在识别分析的过程中可能会出现一些因仿射变化的影响，并且通过归一化，能够减小几何变换的影响，减少 SVM 因处理数据信息所进行的冗余操作，加快最优解的速度。

1. 位置归一化

位置归一化，能够将图像的位置偏差修正。简单介绍两种位置归一化的方法：

（1）基于质心的位置归一化，通过计算图形的质心位置数据，然后将此质心移动到需求指定的位置。

（2）基于边廓的位置归一化，将图形外廓位置计算出来，找出此外廓的中心点，然后将此中心点移动到指定位置，相较于基于质心的方法，该方法略微复杂。

2. 大小归一化

大小归一化，通过将目标进行不同种类的变换（平移、旋转、缩放），以此来成为大小统一的目标。简单介绍两种大小归一化的方法：

（1）基于外廓的方法，通过将外廓进行大小的缩放，按照一定的比例方式设定成规定尺寸的大小，完成简单的归一。

（2）基于目标像素的方法，通过水平和垂直的两个方向像素的分布进行大小归一化。

第 4 章　SIFT 的图像局部特征提取技术

4.1　SIFT 特征介绍

1999 年，Lowe 首次提出了 SIFT 算法。2005 年，Mikolajczy 等人通过实验分析，验证了 SIFT 特征描述子极强的鲁棒性，通过提取到稳定的特征，对两幅差异明显的图像进行特征匹配。

SIFT 算法提取的特征点就是局部特征，这些局部特征可以是图像中的点、线、角点、区域内的边缘以及检测到的局部极值点等，这些点有其独特性且容易被计算机识别，所以无论图像是发生旋转或是尺度变化，SIFT 特征描述的可区分度也相当高。当图像被部分遮挡时，这些特征也仍然存在并能代表这个图像。计算机可以根据给定的特征计算出目标的位置与方向。

4.2　SIFT 算法实现步骤简述

该算法的实现步骤为：第一步，检测极值点。生成图像的高斯差分金字塔，确定可能的关键点，确定它们在尺度图像上的位置。第二步，对关键点进行定位，判断关键点的位置和尺度。第三步，是利用梯度原理确定关键点的方向，并为每个关键点分配一定数量的方向。最后一步是描述关键点，在关键点周围的小区域内对各个方向进行归一化，然后叠加以增强其鲁棒性。SIFT 算法的流程如图 4-1 所示。

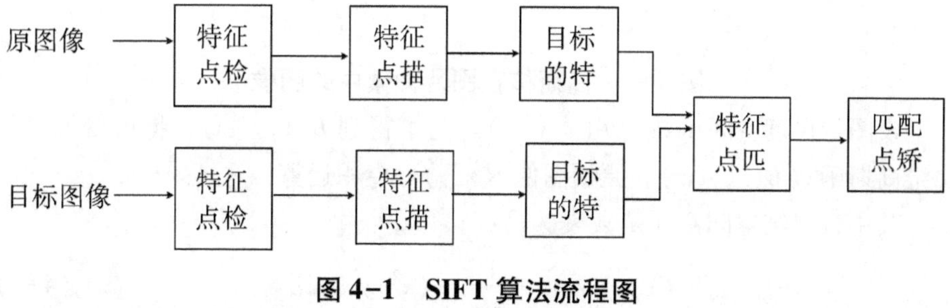

图 4-1　SIFT 算法流程图

4.3 SIFT 算法详细过程

4.3.1 尺度空间的极值检测

1. 尺度空间的生成——建立高斯金字塔

尺度空间理论是对图像进行不同的尺度变换操作，从而获得该图像不同的特征表象。在我们平时的生活学习过程中，用眼睛去观察某个东西时，就会经历这种尺度效应：从远处可以看到物体的总体轮廓，而通过更近距离可以观察到更多该物体的细节之处。因为尺度的不同，物体会带给观察者不同的视觉感受。

计算机识别出特征点其实是通过识别出变化速度最快的点。对于彩色图像，计算机没法检测到其突变点，必须将 RGB 图转变为灰度图的单通道。虽然人眼在远处只能观察到物体的轮廓，但只要能找到该物体的关键轮廓特征，也能大致识别出该图像。计算机也能做到这一点，虽然图像是模糊的，但不会改变整体像素值，计算机仍然能识别出灰度值突变点，也就是极值点。

为了检测到这些极值点，需要变换图像的尺度空间，此时需要使用高斯卷积核。高斯核在图片像素中的图像类似一个正方形，如图 4-2 所示。高斯核越大，其实现的模糊效果越显著，且不同程度的模糊，图片“看”起来也有很大的差异。

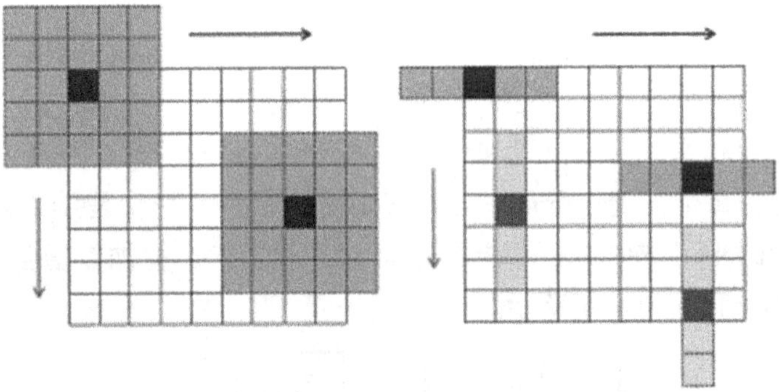

图 4-2 高斯核在图片像素中的图像

设图像尺度空间函数为 $L(x,y,\sigma)$。为了得到 $L(x,y,\sigma)$，将可变尺度的二维高斯函数 $G(x,y,\sigma)$ 和原始图像 $I(x,y)$ 做卷积运算。

其中，二维空间高斯函数表达式：

$$G(x,y,\sigma)=\frac{1}{2\pi\sigma^2}\mathrm{e}-(x^2+y^2)/2\sigma^2 \tag{4-1}$$

尺度空间的表达式：

$$L(x,y,\sigma)=G(x,y,\sigma)*I(x,y) \tag{4-2}$$

其中 $*$ 为卷积运算，(x,y) 是空间坐标，代表像素的位置，σ 是尺度空间因子，σ 越大，处理后的图像细节丢失越多。

经（4-2）中卷积得到图像尺度空间函数，其图像为高斯金字塔。基于不同的尺度空间因子 σ，高斯金字塔由多级金字塔构成，且每一级又包含若干层。

高斯金字塔的构造过程为：将原始图像扩大一倍，并将其作为第 1 级第 1 层，之后将第 1 级第 1 层的图像做高斯卷积后所得到的图像作为第 1 级第 2 层，此时令 $\sigma=k*\sigma$，k 是比例系数，得到的 σ 平滑第 1 级第 2 层图像后的图像作为第 3 层，反复执行这个操作，如图 4-3 所示。

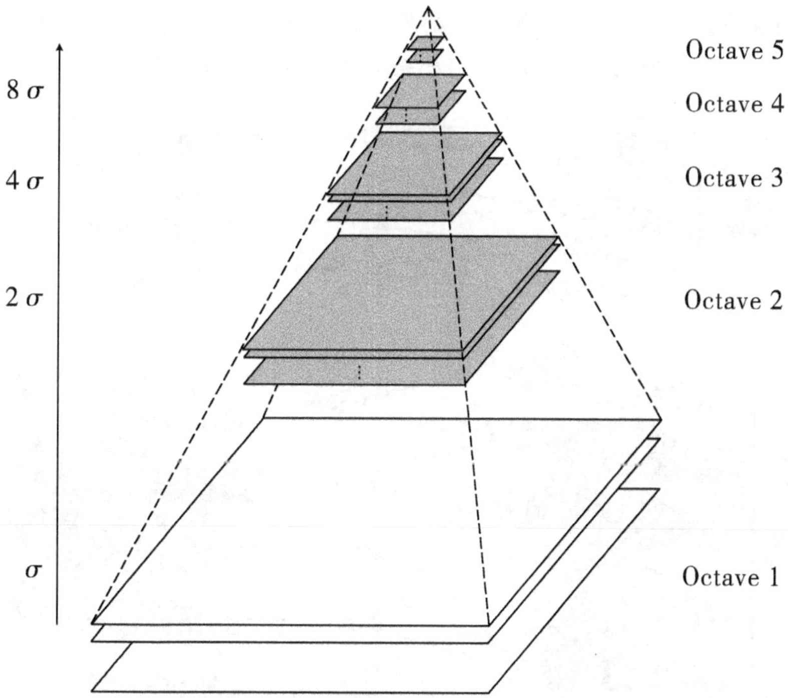

图 4-3　高斯金字塔结构示意图

2. DOG(Difference of Gaussians)高斯差分金字塔的生成

高斯差分尺度空间用于进一步检测稳定的关键点。高斯差分函数计算效率高，且与尺度归一化的拉普拉斯高斯函数 $\sigma^2\nabla^2G$ 极其相像。$D(x,y,\sigma)$ 和 $\sigma^2\nabla^2G$ 的关系为：

$$\frac{\partial G}{\partial\sigma}=\sigma^2\nabla^2G \tag{4-3}$$

差分近似代替微分：

$$\alpha^2\ \nabla^2 G=\frac{\partial G}{\partial \sigma}\approx\frac{G(x,y,k\sigma)-G(x,y,\sigma)}{(k-1)\sigma^2} \tag{4-4}$$

从而得：

$$G(x,y,k\sigma)-G(x,y,\sigma)\approx(k-1)\sigma^2\ \nabla^2 G \tag{4-5}$$

因为 $k-1$ 是一个对极值点的求取不会产生影响的常数，所以 Lowe 选择了更高效的高斯差分算子进行极值点的检测。DOG 金字塔由高斯金字塔变换而来，将不同尺度的高斯差分核与原始图像做卷积运算：

$$\begin{aligned} G(x,y,\sigma) &= [G(x,y,k\sigma)-G(x,y,\sigma)] * I(x,y) \\ &= L(x,y,k\sigma)-L(x,y,\sigma) \end{aligned} \tag{4-6}$$

其中，公式中的 k 是常量。用高斯金字塔的第 1 级第 2 层减去其第 1 级第 1 层，便得到 DOG 金字塔的第 1 级第 1 层，逐级逐层地按照这个规则类推下去，即构成差分金字塔。$D(x,y,\sigma)$ 构造方式如图 4-4 所示。

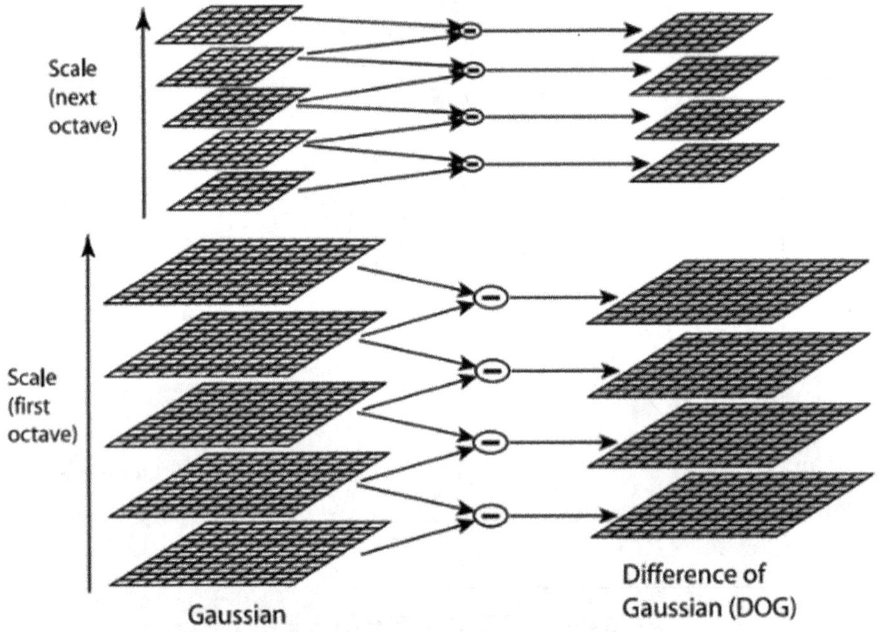

图 4-4　DOG 示意图

所以，DOG 金字塔每一级的层数必然要比高斯金字塔的少一层。示例中 DOG 金字塔的显示效果如图 4-5 所示，高斯差分图像效果如图 4-6 所示。

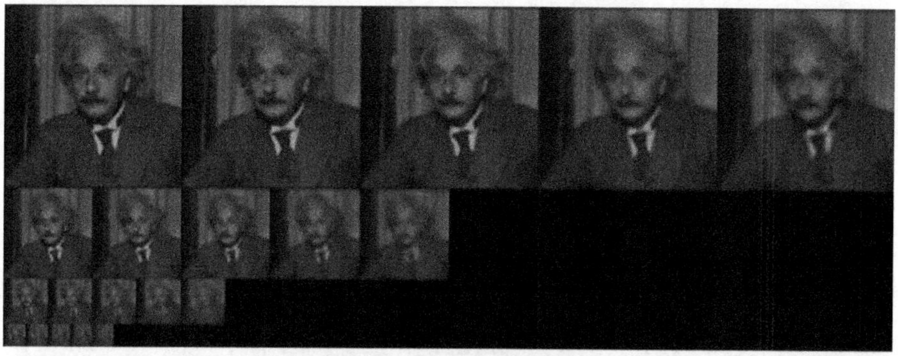

图 4-5　各层的一组图像

图 4-6　高斯差分图像

3. 极值检测，初步确定特征点信息

在高斯差分图像金字塔中比较各个采样点与其邻点的计算值，并找到极值点，从而确定特征点的位置。利用所建立的高斯差分图像金字塔计算各采样点及其邻点的比较值，确定尺度空间中的极值点。如图 4-7 所示，将标记叉号的检测点与其附近的 8 个点以及上下层中对应的 9×2 个点，总共 26 个点分别比较，其中每一层对应着不同的尺度。如果该检测点比那 26 个点的 DOG 值都大或都小，就将该检测点视为一个极值点。所以，确定极值点要从每个图像组的第 2 层开始直到最后，依次对每组进行极值检测。通过该方法定位到的极值记录了极值的位置和相应的尺度，极值点检测效果如图 4-8 所示。

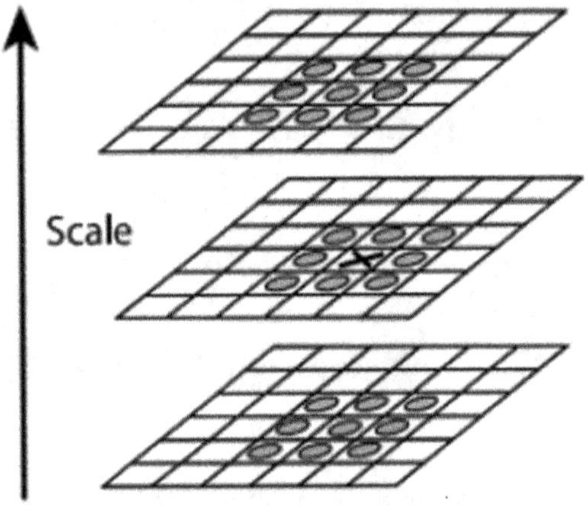

图 4-7　极值检测过程

图 4-8　极值点检测效果

4.3.2　精确定位特征点位置

1. 特征候选点定位

因为图像的高斯尺度空间为离散空间，定位到的是离散极值点而非连续极值点，也就是说，上述通过极值检测确定的极值点与特征候选点间存有偏差，如图 4-9 所示。

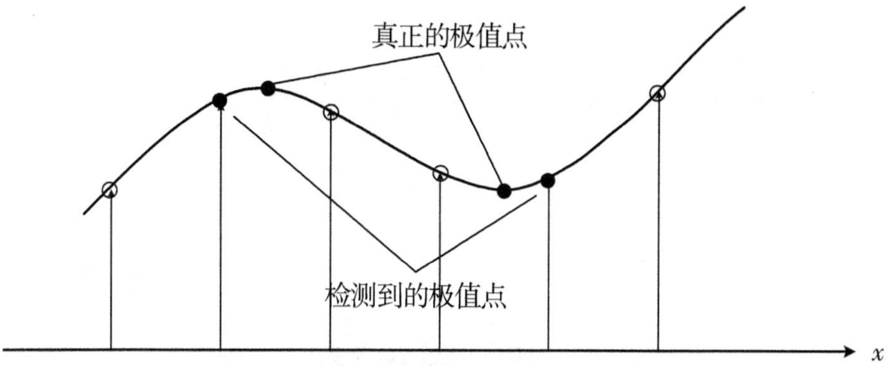

图 4-9　离散极值点与连续极值点的偏差

在离散空间中通过采用线性插值法来定位精确的特征候选点。在已获取关键点处拟合函数。

$$D(X)=D+\frac{\partial D^{\mathrm{T}}}{\partial X}X+\frac{1}{2}X^{\mathrm{T}}\frac{\partial^2 D}{\partial X^2}X \tag{4-7}$$

根据泰勒展开式计算求值，可得极值点的偏移量为：

$$\hat{X}=\frac{\partial^2 D^{-1}}{\partial X^2}\frac{\partial D}{\partial X} \tag{4-8}$$

将（4-8）带入（4-7）中，求得的值为：

$$D(\hat{X})=D+\frac{1}{2}\frac{\partial D^{\mathrm{T}}}{\partial X}\hat{X} \tag{4-9}$$

该方法能够有效地去除冗余极值点。因为当 $|D(\hat{X})|$ 无限小于图像平均像素灰度值时，则认为该极值点响应能力差，不具备抗噪能力和稳定性，不足以用来作为图像特征描述图像信息，对于该类极值点要进行舍弃。当 $\hat{X}$ 在任一维度上的相对于插值中心的偏移量大于 0.5 的时候，则认为此时的插值中心点与它的邻近点基本重合，那么对于此类极值点也要进行删除。

2. 删除边缘响应点

仅仅去除那些在 DOG 中极值相对较小的点并不能完全得到理想的特征点，因为在 DOG 中，处于边缘位置的局部特征响应能力较强，甚至是边缘中的一些不稳定点可能也会出现相当大的峰值，进而把那些不具备抗噪能力的点或者噪声也选作特征候选点。所以要想找到更加稳定可靠的特征点，还要删除这类边缘响应点。

需要一种方法来识别这类边缘响应点。对于一维图像，曲率反应可以表现曲线的变化趋势，如图 4-10 所示。

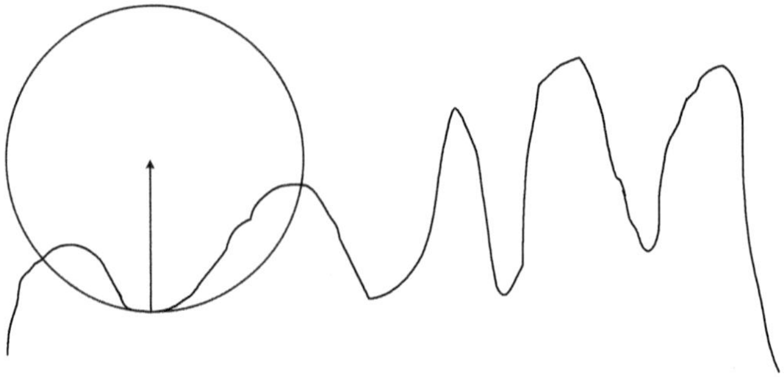

图 4-10　曲线的变化趋势

而通过曲面变化最大和最小的两段能够判断出该点轮廓曲线的曲线变化率，从而检测其最大点是否为边缘噪声。曲线的弯曲程度由曲率决定，曲率大，代表曲线比较弯曲；曲率小，代表曲线比较平缓。例如山峰，其大多数方向的曲率都是相同的，并且更大。而对于山脊线，其沿边缘方向的曲率较小，垂直边缘方向的曲率较大。因此，山峰或山脊线可由两个曲率之比确定。

对于二维情形下的曲面，二阶矩阵 Hessian 矩阵可以用来描述该点附近的方向变化，如图 4-11 所示。二阶矩阵是二元函数在该点的协方差矩阵，而协方差矩阵的特征值与特征向量方向上的投影相对应，特征值越大，说明二元函数在该方向变化趋势越剧烈，曲率也就越大，也就是说，Hessian 矩阵的特征值与曲率是正比关系。使用曲率的比值可以用来检测边缘点，同样也可以使用 Hessian 的特征值的比值来检测边缘点。因此，Hessian 矩阵可以用来去除这些噪声极值点。

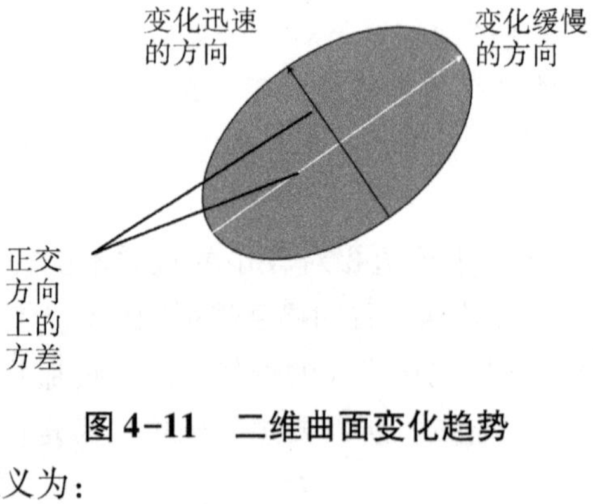

图 4-11　二维曲面变化趋势

Hessian 矩阵定义为：

$$H=\begin{bmatrix} D_{xx} & D_{xy} \\ D_{xy} & D_{yy} \end{bmatrix} \tag{4-10}$$

由于使用 Hessian 的特征值的比值可以去除这些边缘响应点，那么只要获取特征值的比例系数，就能够简化计算特征值的过程。用 α 和 β 代表矩阵的特征值，其过程为，分别对迹 Tr(·)求和行列式 Det(·)求积。

$$\mathrm{Tr}(H)=D_{xx}+D_{yy}=\alpha+\beta \tag{4-11}$$

$$\mathrm{Det}(H)=D_{xx}D_{yy}-(D_{xy})^2=\alpha\beta \tag{4-12}$$

如果 $\alpha\beta<0$，表明两个曲率互为异号，同时表示这个点不是极值点，可以删除。设 α 为较大特征值，且 $\alpha/\beta=\gamma$ 有 $\alpha=\beta\gamma$，则有：

$$\frac{\mathrm{Tr}(H)^2}{\mathrm{Det}(H)}=\frac{(\alpha+\beta)^2}{\alpha\beta}=\frac{(\gamma\beta+\beta)^2}{\gamma\beta^2}=\frac{(\gamma+1)^2}{\gamma} \tag{4-13}$$

则当 $\alpha=\beta$，$\frac{(\gamma+1)^2}{\gamma}$最小，且随着 γ 值的不断增大，$\frac{(\gamma+1)^2}{\gamma}$也会不断增大。因此只需检测：

$$\frac{\mathrm{Tr}(H)^2}{\mathrm{Det}(H)}<\frac{(\gamma+1)^2}{\gamma} \qquad 4\text{-}14$$

就能得出主曲率比值是否小于某阈值。

在 SIFT 算法中，Lowe 设置 $\gamma=10$，并删除所有在 $\gamma>10$ 时得到的极值点。经过此方法过滤后的剩余极值点，如图 4-12 所示。

图 4-12　过滤不稳定特征点后的图像

4.3.3　特征点方向的确定

计算特征点的梯度模以及方向，以此保证特征点的旋转不变性。其公式如下：

$$m(x,y)=\sqrt{(L(x+1,y)-L(x-1,y))^2+(L(x,y+1)-L(x,y-1))^2} \tag{4-15}$$

$$\theta(x,y)=\tan^{-1}\left(\frac{L(x,y+1)-L(x,y-1)}{L(x+1,y)-L(x-1,y)}\right) \tag{4-16}$$

其中，L 表示的是各个特征点所在的尺度位置。

特征点方向的计算过程为：对关键点周围的窗口进行采样，然后计算每个点的梯度方向，生成一个完整的梯度方向直方图。再把梯度直方图的角度范围设置为 0°至 360°，规定每一个方向相差 10°，绘制出 36 个不同方向的直方图。如图 4-13 所示，示例中是八个方向的直方图。

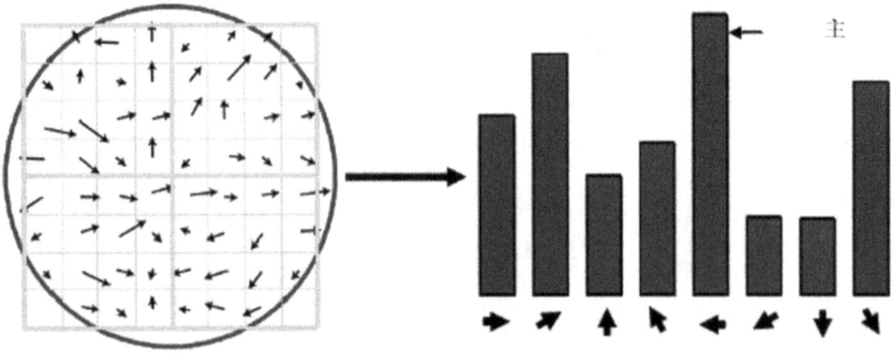

图 4-13　梯度直方图

一般情况下，选取值最大的直方图作为局部特征点的主要方向，主方向的辅助方向则取那些大于主方向 80% 的直方图方向。

所以，从以上内容可知，最终提取到的图像特征点带有其位置、尺度和方向三个方面的信息。通过标记测试图像，使特征点信息可视化，如图 4-14 和图 4-15 所示。

图 4-14　原始图像

图 4-15　特征点信息可视化

4.3.4　计算特征点的描述符

提取到精确的特征点之后，要为这些特征点创建相应的描述符。该描述符必须有其独特性，从而实现更加准确的匹配。其创建过程为：

（1）在实验中，为了保证特征点旋转不变的特性，将坐标轴旋转至与特征点的方向重合。

（2）将特征点作为中心点，取 16×16 的窗口，将其作为采样区域，再将该采样区域划分为 4×4 的稍大区域，每个稍大区域中又有 4×4 的小区域。如图 4-16 所示，每个单元方格中方向各异，长度不等的箭头分别用来表示像素的方向和梯度值。

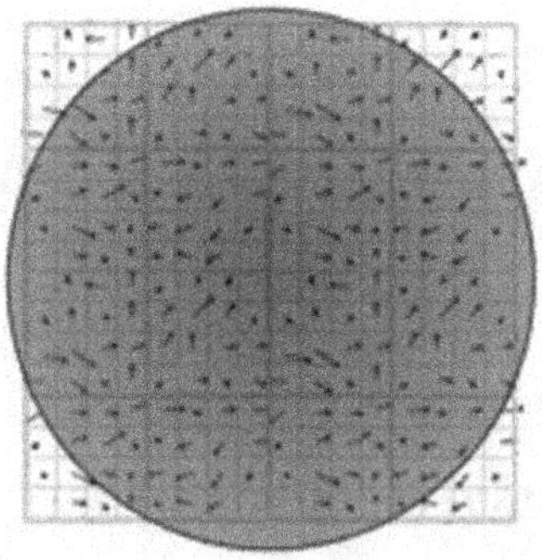

图 4-16　描述符梯度采样区域

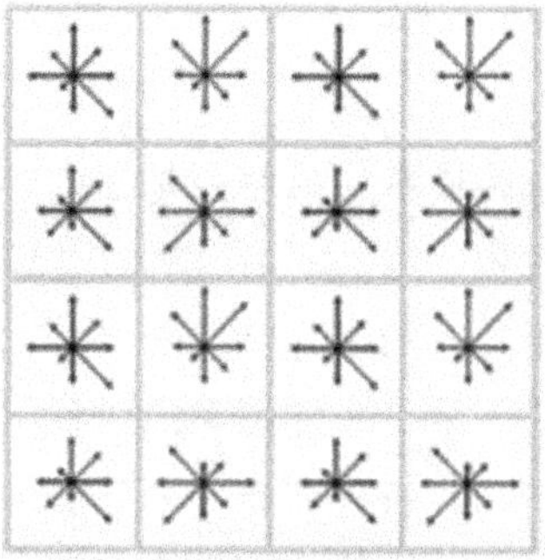

图 4-17　描述符梯度直方图

（3）将采样区域中的各方向平均划分为 8 维方向跨度，然后将 4×4 的稍大区域内的方向对应到图 4-17 中的 8 维方向坐标轴上，并用高斯函数做加权处理，计算各个区域在多个方向上的梯度累加值。

（4）把前面计算的梯度累加值组合在一起，每个坐标轴的长度代表该方向采样点的总大小。整个特征点区域为 16×8 维方向坐标，即 128 维特征向量描述符。

最后，对描述子向量进行归一化，以降低乃至消除光照变化对其产生的影响。

第 5 章　基于 SIFT 的图像特征识别-图像检索

本章将展示如何利用基于内容的图像检索技术来实现对 SIFT 特征的匹配与识别过程。

基于内容的图像检索技术将图像本身的内容特征应用于图像检索当中，从而消除了手工标注图像的过程。所以，该检索技术常利用 SIFT 算法来提取图像中的内容特征，再将其以某种形式存储起来，生成特征数据库，并对数据库建立索引以便查询。在进行图像检索时，系统会根据相似性准则和匹配准则对特征库中的图像与待检索图像进行匹配。最后，由系统自行设定按照从大到小的排序依次显示与待检索图像最相似的前几幅图像，从而完成图像检索。这样的检索过程就实现了自动化。

图像特征提取的质量将决定图像检索结果的满意与否，但是在海量图像检索的背景下，采用一种良好的算法快速识别出相似图像也尤其重要。

5.1　相似性度量与匹配

图像检索中，对待检索图像和待匹配图像都进行 SIFT 特征点提取之后，就需要对这些特征点进行匹配了。通常选择两个 SIFT 描述符之间的欧氏距离作为比较方法来判断两个 SIFT 描述符之间的相似性。n 维空间中两点之间的实际距离可以用欧氏距离表示。设在二维空间中有两个点 p 和 q，则它们的欧氏距离为：

$$d(p,q)=\sqrt{(p_1-q_1)^2+(p_2-q_2)^2} \tag{5-1}$$

知道了描述符间的相似性，接下来就需要一种稳健的准则对图像间的特征进行匹配。Lowe 提出了一种对 SIFT 特征进行匹配的方法：任意取一幅图像中的特征点，在另一幅图像中找到与其最近邻以及次近邻的点，将最近邻距离与次近邻距离之比与设定的阈值作比较，若该比值小于这个阈值，则表示这对匹配点匹配成功；否则，表示匹配失败。该准则通过 Lowe 的实验验证，当设置两欧式距离之比大于 0.8 的匹配点对时，错误匹配中的 90% 可以被筛选出来，而正确匹配仅筛选出不到5%，即保证找到十分相似的唯一特征。

5.2　BOW算法步骤

在大型数据库中，将查询图像与数据库中的所有图像进行完全比较（如用特征匹配），这样的查询将花费大量时间。近年来，研究人员成功地将文本挖掘技术引入到CBIR中来解决此问题。

BOW模型是信息检索领域常用的文档表示方法。例如，集合*D*中含有*M*个文档，把这些文档全部拆分为单词，形成一个有*N*个单词的词典。而BOW模型仅仅将文档表示成若干个词汇构成的集合，并且这个集合不具有单词顺序、句法以及语法等。BOW模型将文档中的*N*个词汇表示为*N*维向量，并对文档进行分类。而在图像检索的应用中，BOW会将图像当作文档来进行操作，首先将图像拆分为视觉词汇，然后将所有视觉单词构成词典，视觉词典中的所有视觉词汇之间是互相独立的。

但文档中的单词能够直接获取，而图像中的视觉词汇并不能。要想从图像中获取独立的视觉词汇需要一种算法，实现特征检测、特征表示和词典的生成。一张图像中一般有多类目标对象，而同一类对象中肯定既有相似部分，也有个体差异，将其公共部分提取出来，并以此来识别这一类对象的视觉词汇。SIFT作为一种算法来提取图像特征信息，而BOW模型将其生成视觉单词词汇并构成词典来识别图像。

5.2.1　提取视觉词汇

用SIFT算法从各种图像中提取特征信息，生成视觉词汇，如图5-1所示。

图5-1　图像特征

将若干个词汇构成一个集合，如图5-2所示。

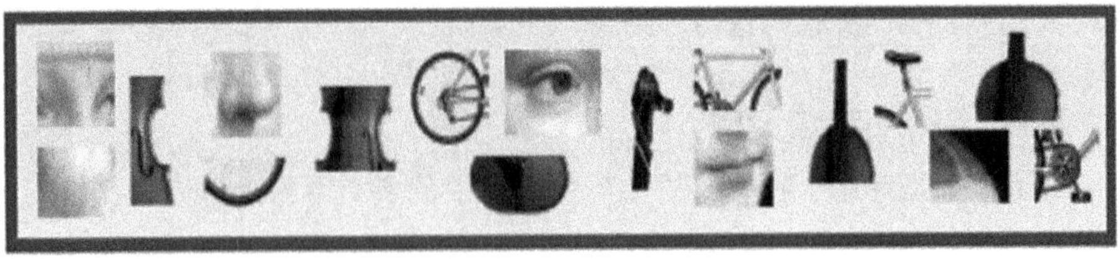

图 5-2　特征集合

5.2.2　构造单词表

通过聚类算法来构造单词表。K-means 算法是最常用的聚类算法，对数据进行归类，K 是特征聚类数，K-means 算法将 SIFT 提取的 N 个不同的目标对象的特征聚类成 K 种，并将这 K 种特征用来生成词典中的词汇，如图 5-3 所示，令 K=4，此时词典的构造过程如下：

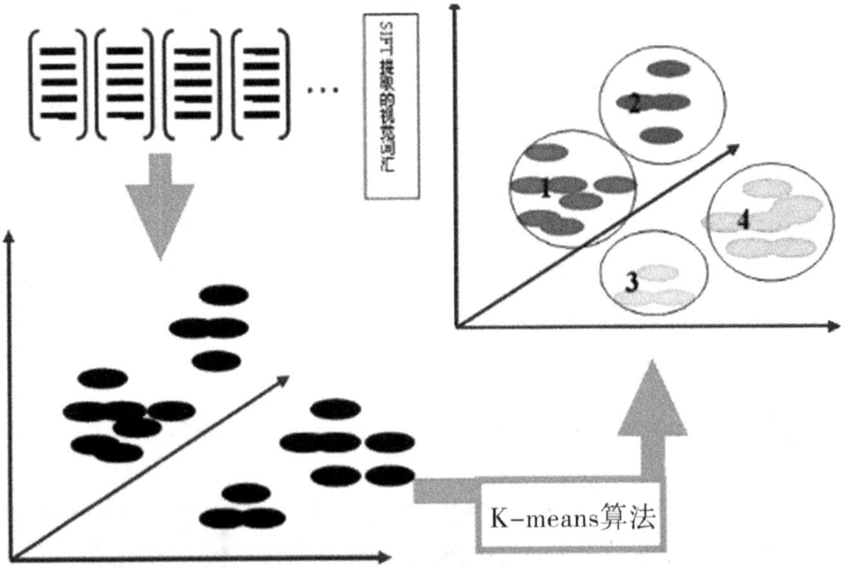

图 5-3　图像特征聚类

5.2.3　生成图像直方图

BOW 模型通过视觉单词直方图来表示图像，直方图的构造方法为：统计单词表中所有词汇的个数，并把图像表示为 K 维向量，如图 5-4 所示的图例为当 K=4 时的视觉单词直方图。

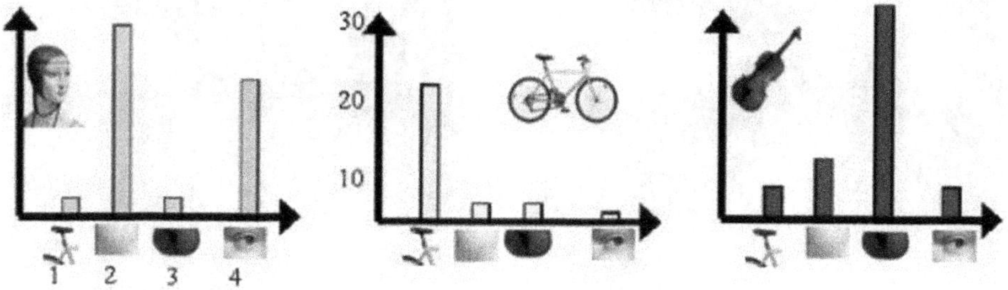

图 5-4　视觉单词直方图

在实际应用中，*K* 的取值十分关键，由于 *K* 值一般都是随机取得，当 *K* 的值与特征数量越接近，应用效果就越好，而 *K* 值设定得越不恰当，其聚类效果越差。一般对象类数量越大，其 *K* 值也要设置得越大。

5.3　实现过程

5.3.1　SIFT 特征提取结果及分析

本文的特征提取算法是在软件 Pycharm 2018.3.2 中编程实现的，具体实现是读取所生成的图像特征文件，并以矩阵的形式返回特征的位置及描述子信息：

```
s = loadtxt(siftname) return s[:,:4],s[:,4:]
```

在图 5-5 和图 5-6 中表现的是图书馆正面图，图 5-7 和图 5-8 中所示的图书馆另一个角度的正面图像。图 5-5 和图 5-7 是正常图像，图 5-6 和图 5-8 是经 SIFT 算法提取到的特征点的图像。通过实验将特征点可视化，将 SIFT 特征点的位置用圆圈表示出，圆圈的半径表征该特征点的尺度。

图 5-5　原图

图 5-6　**SIFT 特征**

图 5-7 角度变换的原图

图 5-8 角度变换的 SIFT 特征

通过具体实验，采用的 SIFT 算法能够很好地提取到图像中的特征点，能够为接下来的特征匹配以及图像检索打下坚实的基础。

5.3.2 图像匹配的结果与算法分析

特征匹配的程序编译在 Pycharm 中编程实现，下面的代码实现了匹配过程：

```
match1 = array([s/linalg.norm(s) for s in match1])
match2 = array([s/linalg.norm(s) for s in match2])
percentage= 0.6
match1_measure = match1.shape
suitnumber = zeros((match1_measure[0]),'int')
match2t = match2.T
for i in range(match1_measure[0]):
dotresults = dot(match1[i,:],match2t)
dotresults = 0.9999 * results
key = argsort(arccos(dotresults))
if arccos(dotresults)[key[0]]<percentage * arccos(dotresults)[key[1]]:
suitnumber[i] = int(key[0])
return suitnumber
```

选择两幅相似图像，利用 SIFT 算法提取出各自的特征点，如图 5-5 和图 5-7 所示，并通过 Lowe 提出的匹配方法对两幅图像进行匹配，用直线可视化两幅图像的特征匹配情况，如图 5-9 所示。在此实验中，两幅图像总共有 140 个成功匹配的关键点。

图 5-9　不同拍摄角度图像的匹配效果

不同视角下的图像实验结果表明，SIFT 的特征描述符能够实现良好的匹配效果，也进而表明 SIFT 算法对视角变换的情况具有较强的鲁棒性。

图 5-10 左右两部分是不同尺度变换下的两幅图像，并分别提取出了两幅图像的特征点。在此实验中有 50 个成功匹配的关键点，如图 5-11 所示。

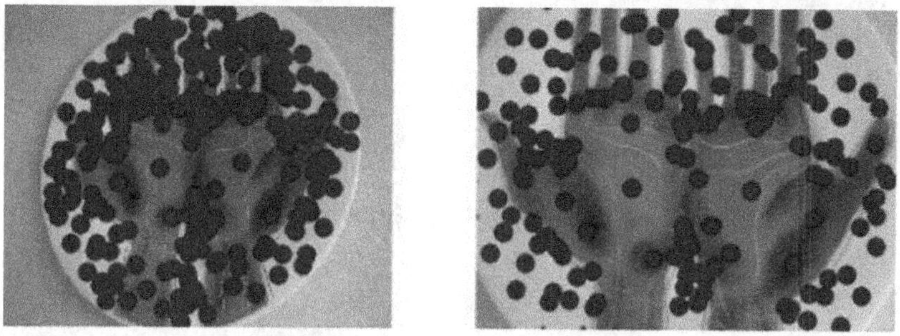

图 5-10　尺度缩放特征点

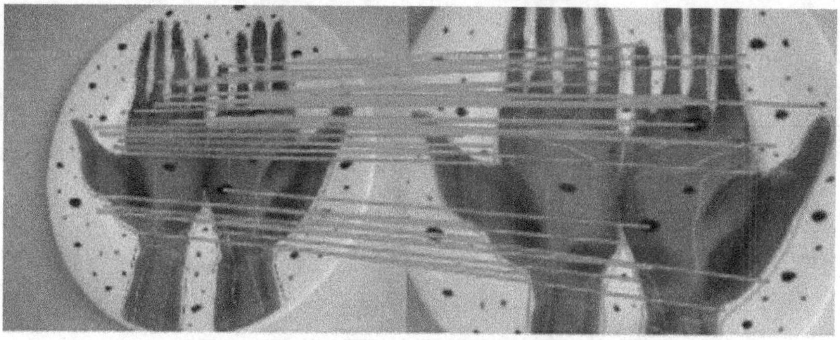

图 5-11　尺度缩放匹配

从图 5-10 和图 5-11 的对比效果来看，大多数的特征点都能够匹配成功。由此表明，SIFT 算法对尺度变化的情况也具有一定的鲁棒性。

图 5-12 左右两部分是不同旋转变换下的两幅图像。分别提取这两幅图像的特征点，如图 5-13 所示。图 5-14 是此组图像的匹配结果，共有 1203 个匹配成功的关键点。

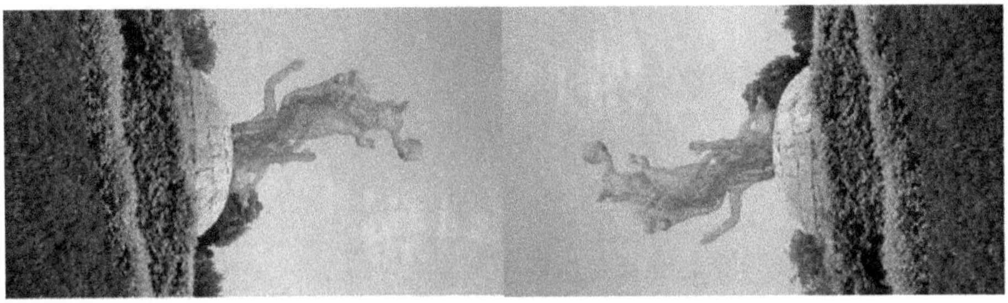

图 5-12　旋转变换原图

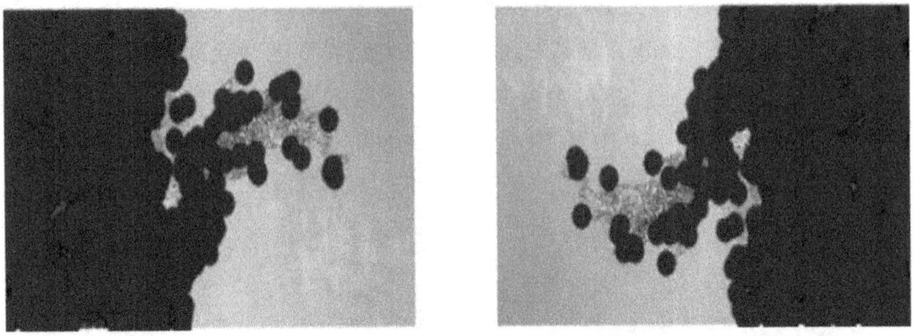

图 5-13　旋转变换的特征点

图 5-14　旋转变换匹配

从旋转变换后的图像匹配结果可以看出，相当多的特征点得到了成功的匹配。因此，基于 SIFT 算法的图像匹配对于旋转变换具有较高的匹配精度。

5.3.3　图像搜索演示程序的结果与算法分析

此次实现过程中，使用 SQLite 建立图像的数据库。该数据库中共有 1000 幅图像，并设定聚类数 $K=90$，对象特征进行聚类。这些图像包括建筑楼、林荫路、书架、商品货架、鲜花等多个类别，它们在形状上有明显的不同，每个类别包含 4 到 138 幅不等的图像。SQLite 数据库将所有信息都保存到一个文件，是一个易于安装和使用的数据库。由于不涉及数据库和服务器的配置，它很容易上手。考虑到实验的高效性，在本次实验中，从 SQLite 数据库的众多种类图像中选择了10种类型的图像作为实验参考数据，分别为宿舍楼、鲜花、林荫路、标牌、商品货架、书架、亭子、操场、池塘、体育馆，如图5-15所示。

图5-15 场景图像示例

本文所采用的检索系统主要是由图像检索输入和图像检索结果显示两部分共同组成，是用CherryPy创建Web应用，将演示程序变成Web页，如图5-16所示，随机选择图像，系统会从图像特征库中查找与待检索图像最相似的前21幅图像，并输出检索结果。

图 5-16　系统图

该检索系统的主要原理为：首先使用 SIFT 算法对输入的待检索图像提取特征，然后生成 SIFT 特征描述符，并根据该特征描述符通过相似性度量方法检索图像特征库中的相似特征，并输出检索结果，流程图如图 5-17 所示。在 Pycharm 中，查询相似图像的过程主要靠 query( ) 函数实现。

```
def query(self,picname):
d = self.get_diagram(picname)
similars = self.from_diagram(d)
suitnumber = [ ]
for picid in similars:
cand_name = self.con.execute(
"select siftname from piclist where rowid=%d" %picid).
fetchone()
sim_d = self.get_diagram(sim_name)
sim_dist = sqrt(sum(self.voc.idf*(d-sim_d)**2 ))
suitnumber.append( (sim_dist,picid)
suitnumber.sort()
return suitnumber
```

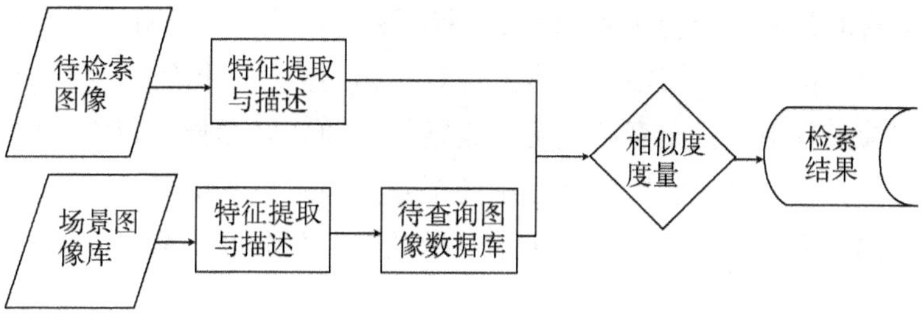

图 5-17　检索系统的流程

（1）场景图像库：选取 SQLite 中的 10 类图像作为实验数据。该数据集分别为宿舍楼、鲜花、林荫路、标牌、商品货架、书架、亭子、操场、池塘、体育馆。

（2）待检索图像：随机选取图像进行检索。

（3）特征提取与描述：本实验基于 SIFT 算法提取待检索图像的特征点，并提取特征描述子，采用 K-means 聚类算法创建单词表。

（4）相似度度量：通过相似度度量算法比较特征间的相似度，再利用 Lowe 提出的最近邻与次近邻距离之比匹配特征点。

（5）检索结果：显示图像数据库中与待检索图像相似度最高的若干图像。

本实验通过图像检索系统的质量或服务效果来评估 SIFT 特征提取与识别算法的性能，在此对评估参数作简要介绍。查全率与查准率是由学者兰卡斯特提出的一组评价参数，在这组评价参数中还涉及有其他几个方面，但对于信息检索系统，查全率与查准率是评价其系统性能最可靠的两个指标，所以本次实验将主要考虑了这两个参数。

（1）查准率：是衡量检索系统的信噪比的一种指标，在本实验中查准率是指输出结果中，与待检索图像相似的图像与输出结果的数量之比，即：

$$\text{查准率}=\frac{\text{检索出的相似图像}}{\text{系统检索出的所有图像}}$$

（2）查全率：是衡量某一检索系统数据集合中检出相关数据成功度的一项指标，在本实验中，查全率是指输出结果中，与待检索图像相似的图像的数量与数据集中所有与待检索图像相似的图像的数量之比，即：

$$\text{查全率}=\frac{\text{检索出的相似图像}}{\text{数据库中所有相似图像}}$$

本文实现的图像检索系统设置了前 21 幅图像作为检索结果，由此以来，不管图像数据库中有多少与待检索图像相似的图像，该检索系统只显示由相似度度量算法计算而来的具有最高相似度的前 21 幅图像。在实验测试阶段，考虑到实验的效率以及更方便地评估系统性能，将进行透明检索实验，即事先设定实验数据集中的每幅待检索图像具有相同数量的相似图像。

在实验过程中，设定系统显示检索结果的前 8 幅图像，每类仅设置 10 幅待检索图像，也就是把实验数据库中的图像数限制在 100 幅。

进行实验测试，记录每类图像的显示结果，并分别计算出它们的查准率，如表 5-1 所示。

表 5-1 每类待检索图像的查准率

类别	查准率
宿舍楼	100.00%
鲜花	62.50%
林荫路	62.50%
标牌	75.00%
商品货架	87.50%
书架	75.00%
亭子	50.00%
操场	50.00%
池塘	25.00%
体育馆	62.50%

由上述实验记录的每类图像的显示结果，分别计算出它们的查全率，如表 5-2 所示。

表 5-2 每类待检索图像的查全率

类别	查全率
宿舍楼	80.00%
鲜花	50.00%
林荫路	50.00%
标牌	60.00%
商品货架	70.00%
书架	60.00%
亭子	40.00%
操场	40.00%
池塘	20.00%
体育馆	50.00%

通过以上实验数据，得出结论：

（1）待检索图像与数据库中的其他类别图像差异越大，其检索效果就越令人满意。例如，宿舍楼的查准率能够达到100.00%，商品货架的查准率也达到87.50%。

（2）对于某些特征区分度不高的图像，其检索结果就不尽人意。例如，池塘的查准率只有25.00%。

（3）查全率与查准率能够很好地评价检索结果的总体优势，它们成正比关系，且由实验结果分析得出，查准率越高，其对应的查全率也越高。

（4）查全率和查准率分别反映出了图像检索的全面性和精确性。

综上所述，基于SIFT算法的图像检索系统能够很好地实现图像识别的目的，通过实验得出的每类图像查准率与查全率较好，该系统的检索效果令人满意。

第 6 章　基于卷积神经网络与聚类的图像识别

本章将展示如何利用神经网络完成图像特征提取，利用聚类算法对图像进行分类识别。

6.1　神经网

卷积神经网络(Convolutional Neural Networks，CNN)是一类具有深度结构并且含有卷积计算的前馈神经网络，它之所以被称为“平移不变人工神经网络”是由于它能够进行平行不变分类。

其最初是在 20 世纪被研究出来的，其前身是时间延迟网络和 LeNet-5，在 21 世纪由于深度学习理论被提出以及数值计算仪器的不断改进，适应了人们的需求，从而快速地发展，大量地被应用于计算机视觉、自然语言处理等领域。

卷积神经网络由于能够仿造生物的视知觉机制从而能完成监督和非监督学习。

6.1.1　神经网络结构

CNN 由输入层和输出层以及多个隐藏层组成，隐藏层可分为卷积层、池化层、RELU 层和全连通层，如图 6-1 和图 6-2 所示。

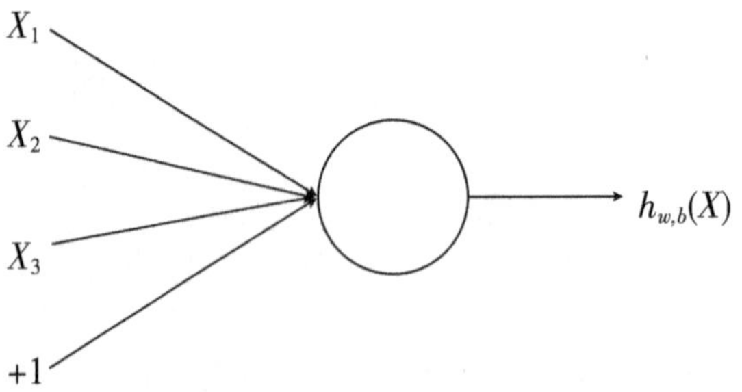

图 6-1　单层神经网络

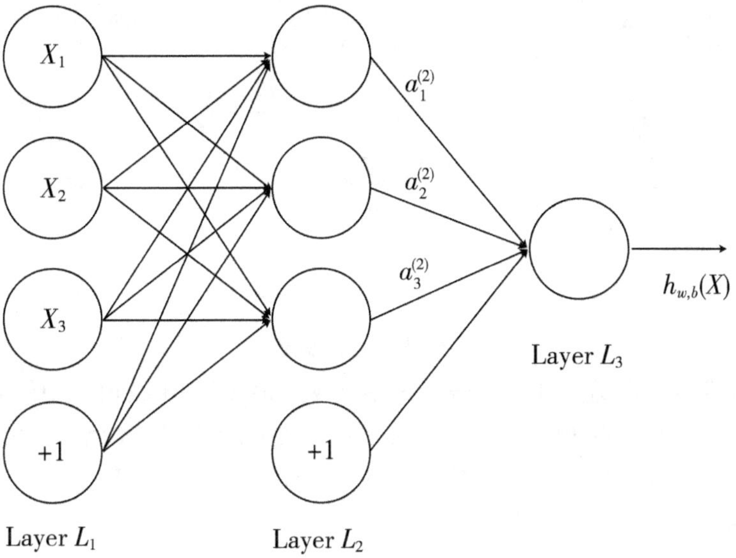

图 6-2 多层神经网络

6.1.2 预处理

卷积神经网络对于输入的数据通常有以下三种处理方式。

(1) 中心化 (Mean subtraction): 将数据的每一维特征都减去平均值。在 numpy 中 X -= np. mean(X, axis = 0)。

(2) 归一化 (Normalization): 用于归一化数据, 使数据能够在相同尺度。在 numpy 中 X /= np. std(X, axis = 0)。

(3) 主成分分析和白化 (PCA and Whitening): 先将数据均值化, 然后求协方差矩阵。

X-= np. mean(X, axis = 0) //求均值

cov = np. dot(X. T, X) / X. shape[0] // 求协方差矩阵

Xrot = np. dot(X, U) //去除数据相关性

Xrot_reduced = np. dot(X, U[:, :100]) 降维到 100 维

Xwhite = Xrot / np. sqrt(s + 1e-5) //白化数据 1e-5 为防止除0

图 6-3 中, 左边是二维的原始数, 中间是经 PCA 操作处理后的数据, 右边是经白化处理后的数据。

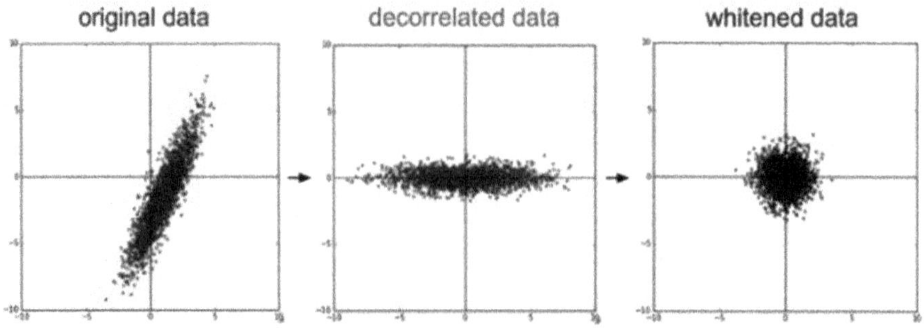

图 6-3 数据处理

图 6-4 中，从左边开始的第一张图片为 CIFAR-10 数据集中的 49 张图片，其中每张图片有 3072 个特征；第二张图片为 3072 特征向量中的前 144 个特征；第三张图片为通过 PCA 降维降到 144 维，使用的是图二中的前 144 维；第四张图片为白化后的图片。

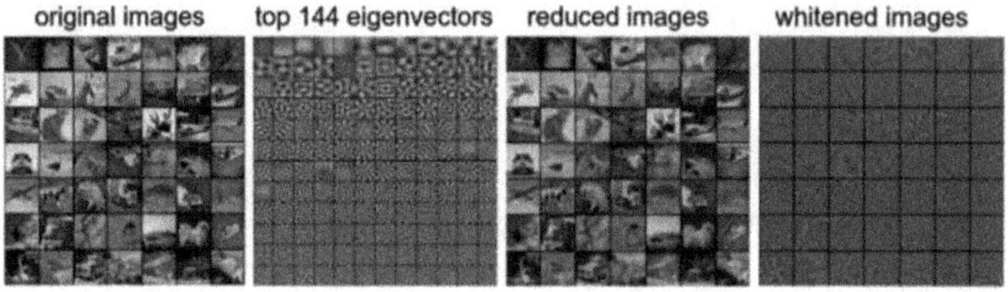

图 6-4 可视化的数据集

6.1.3 输入层

卷积神经网络的输入层可以用来处理多维的数据，对一维的卷积神经网络的输入层是用来接收一维或者二维的数组，一维数组一般是对时间或频谱采样，二维的数组有可能包含了很多个通道。二维的卷积神经网络用来接收二维和三维的数组，于是三维的卷积神经网络就是接收四维的数组了。很多的研究介绍结构的时候就先假设其在平面上的二维像素点和 RGB 通道。

由于使用的是梯度下降进行学习，卷积神经网络在输入特征的时候需要进行标准化的处理。我们需要在将学习的数据输入之前，要在通道或时间或频率维对输入进来的数据进行归一化，如果输入的数据是像素，将会将分布在［0，255］的原始像素值归一化 0 到 1 之间。输入的特征的标准化的益处是提高了算法的运行效率，以及学习表现。

6.1.4 隐含层

设卷积神经网络的隐含层包含了卷积层、激励层、池化层和全连接层。

卷积层用于特征提取和映射。神经元的激励函数，因为卷积也是一种线性的运算，所以要增加非线性的映射。池化层是进行采样，对特征图稀疏处理，以此来减少数据的运算量。全连接层的作用通常是在 CNN 的最后进行重新拟合，减少特征信息的损失。

1. 卷积层

卷积层是 CNN 的核心，其功能是对输入数据进行特征提取，其内部包含多个卷积核，组成卷积核的每个元素都对应一个权重系数和一个偏差量（bias vector），类似于一个前馈神经网络的神经元（neuron）。层的参数是由一组可学习的滤波器或者内核组成。

$$Z^{l+1}(i,j)=[Z^l \otimes w^l](i,j)+b=\sum_{k=1}^{K_l}\sum_{x=1}^{f}\sum_{y=1}^{f}[Z_k^l(s_0 i+x,s_0 j+y)w_k^{l+1}(x,y)]+b \qquad (6-1)$$

b 为偏差量，Z^l 和 Z^{l+1} 表示第 $l+1$ 层的卷积输入和输出，也被称为特征图，L^{l+1} 为 Z^{l+1} 的尺寸，如果特征图长宽相同。$Z(i,j)$ 对应特征图的像素，K 为特征图的通道数，f、s_0 和 p 是卷积层参数，对应卷积核大小、卷积步长和填充层数。

当卷积核 $f=1$ 步长 $s_0=1$ 并且不包括填充的单位卷积核，卷积核内的计算等价于矩阵算法，这就构成了全连接网络。

卷积层有两个关键的操作：第一个是局部关联即是把每个神经元看作一个滤波器，其次就是窗口滑动，filter 对局部数据的计算。

卷积层的参数有卷积核的大小，也就是深度、步长和填充。这三个共同决定了卷积层输出的特征图的尺寸。

（1）卷积核大小：在大小小于输入图像的尺寸时，卷积核大小可以为任意值，随着卷积核越大，提取到的输入特征也就越复杂。

（2）步长：表示卷积核相邻两次扫过特征图时位置的距离，当值为 1 时，表示逐步扫描；若大于 1 时，则每一次扫描跳过 $n-1$ 个像素。

（3）填充值：

有效填充：不使用填充，卷积核只允许访问特征图中能够完全包含整个核的位置。输出的所有像素都是输入中相同数量像素的函数。

相同填充/半填充：只进行足够的填充来保持输出和输入的特征图尺寸相同。相同填充下特征图的尺寸不会缩减，但输入像素中靠近边界的部分相比于中间部分对于特征图的影响更小，即存在边界像素的欠表达。

全填充：进行足够多的填充使得每个像素在每个方向上被访问的次数相同。步长为 1 时，全填充输出的特征图尺寸为 $L+f-1$，大于输入值。

任意填充：是一种在有效填充和全填充之间的方法，人为设定的填充一般不会使用。

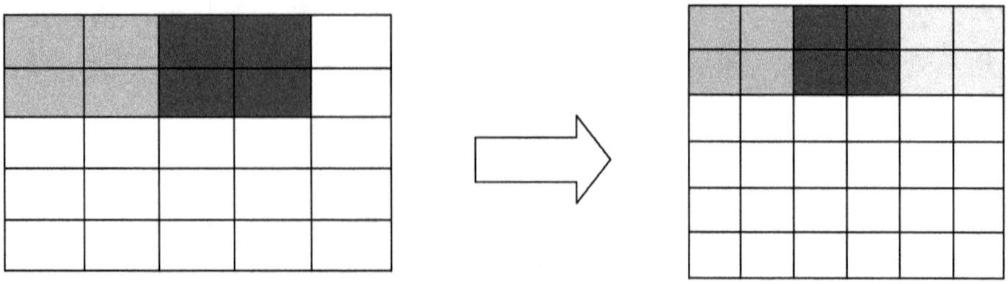

图 6-5　填充图

根据上面的图 6-5 我们可以很清楚地看到有一个 5×5 的图片，其中一个格子代表一个像素，我们的步长取值为 2，即每次滑动 2，这可以发现右边有一个格子不会被滑到。于是在原来的 5×5 的矩阵加了一层填充值，变成了 6×6 的矩阵，这时就能刚好把所有的像素都遍历完了。

2. *激励层*

使用激励函数协助表达复杂的特征，把卷积层输出的结果做非线性映射。采用的一般都是 ReLU，其特点是收敛快、求梯度简单，但是比较脆弱。

3. *池化层*

池化层是在连续卷积层之间的，是用来压缩数据和参数的量，减小过拟合。这里主要的作用就是压缩图像。

（1）LP 池化是一类受视觉皮层内阶层结构建立的模型。

$$A_k^l(i,j)=\left[\sum_{x=1}^{f}\sum_{y=1}^{f}A_k^l(s_0 i+x,s_0 j+y)^p\right]^{\frac{1}{p}} \tag{6-2}$$

上式中的 s_0 表示步长，p 是预指定参数。若 $p=1$ 时就是均值池化，若 p 是正无穷大就为极大池化。这两种池化方法是以损失特征图尺寸来保留图像的背景。

（2）随机/混合池化是 LP 池化概念的延伸。

（3）谱池化是一种基于 FFT 的池化方法，能够在基于 FFT 算法下以很小的计算量完成。

池化层的具体作用是：① 特征的不变性，池化操作就是图像的放缩（resize），我们随便对一张图片进行缩小，如果只是缩小了一倍，还是能看出来那张照片原来的内容，这就说明还保留了原来的重要特征，图像压缩时去掉的只是一些不重要的信息，而剩下的是最能表达图像特征的。② 特征降维，其意思就是一幅未经过处理的图像，它的信息量是非常大的，但是好多的信息量对我们处理图像是没有用的，因此把重要的信息提取出来。③ 在一定程度上防止过拟合。

4. 全连接层

两层之间所有神经元都有权重连接，通常全连接层在卷积神经网络尾部，也就是跟传统的神经网络神经元的连接。

6.2　聚类介绍

将物理或抽象对象的集合分成有类似的对象组成的多个类的过程就叫聚类，对于聚类在实际的应用中是非常广泛的，如市场细分、社交圈分析、集群计算和天体数据分析。在聚类分析中，我们希望能有一种算法能够自动地将相同元素分为紧密关系的子集或簇，K 均值算法（K-means）为最广泛的一种算法。

6.2.1　K-means 聚类算法简介

设 K-means 算法也称 K 平均或者 K 均值算法，为现在运用广泛的聚类算法。将各个聚类子集内的所有数据样本的均值作为该聚类的代表点，它的基本思想是对于给定的样本集，按照样本之间的距离大小，通过将样本划分为 k 个聚类，优化了聚类性能的判别函数。集群是紧凑和独立的。该类算法并不适合处理离散型的，但是很适合处理连续性较好的聚类效果。

最小化平方误差 E 为：

$$E=\sum_{i=1}^{k}\sum_{x\in C_i}\|x-\boldsymbol{\mu}_i\|_2^2 \tag{6-3}$$

其中 $\boldsymbol{\mu}_i$ 是簇 C_i 的均值向量，有时也称为质心，表达式为：

$$\boldsymbol{\mu}_i=\frac{1}{|C_i|}\sum_{x\in C_i}x \tag{6-4}$$

但是要想得到最小值，需要采用启发式的迭代方法。

6.2.2　算法详述

(1) 选定距离作为数据样本间的相似性度量。

由于对连续性属性比较合适，可以根据实际的情况进行选择其距离度量的方法，一般的情况下使用欧式距离。其定义是：

假设给定的数据集 $X=\{x_m|m=1,2,3,\cdots,\text{total}\}$，$X$ 中的样本用 d 个描述属性 $A_1,A_2\cdots,A_d$ 来表示，d 是用来描述连续型属性数据样本 x_i，样本 x_i 和 x_j 之间的相似度通常就是它们之间的距离，若两个样本之间的距离越小，则两个样本之间的相似度就会越高；距离越大，差异度就越大。

公式为：

$$d(x_i,x_j)=\sqrt{\sum_{k=1}^{d}(x_{ik}-x_{jk})^2} \tag{6-5}$$

（2）聚类性能的准则函数。

利用误差平方和准则函数可以对聚类性能进行评价。给定数据集 X，其中仅包含描述属性，而不包含类别属性。假设 x 包含 k 个簇子集 $x_1, x_2, \cdots, x_k$，每个簇子集中的样本数为 $n_1, n_2, \cdots, n_k$，每个簇子集的平均值代表点分别为 $m_1, m_2, \cdots, m_k$。则误差平方和准则函数公式为：

$$E = \sum_{i=1}^{k} \sum_{p \in X_i} \| p - m_i \|^2 \tag{6-6}$$

（3）平均值。

相似度计算是根据一个簇中对象的平均值来进行。将相似的对象分配到 k 个簇中，大体就是计算出每一个簇的平均值，然后用这个值代表了这个簇，根据每个对象与每个簇的距离，把对象分配给最近的那个簇。然后不断地重复这个过程，直到满足条件为止。

6.2.3　算法流程

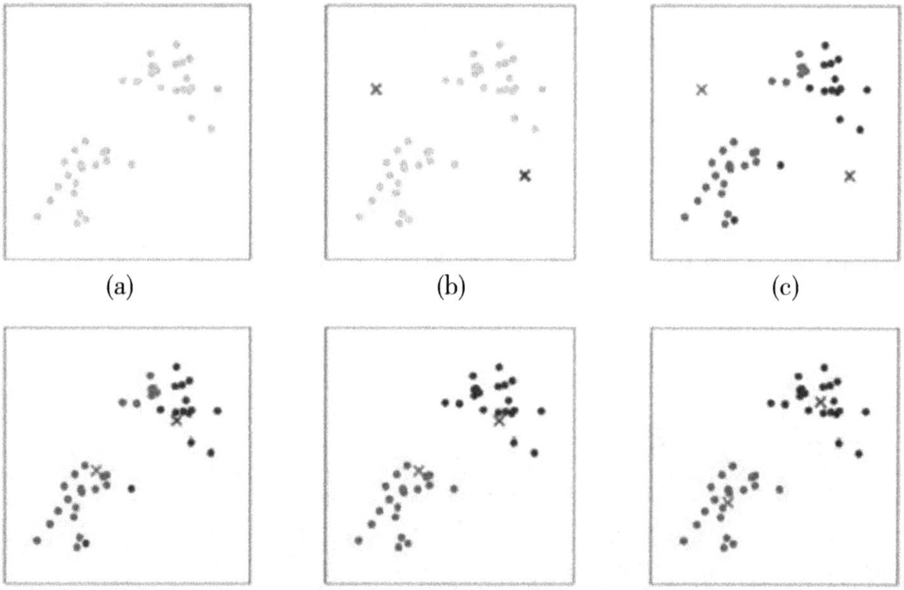

(a)　(b)　(c)

(d)　(e)　(f)

图 6-6　算法过程

图 6-6（a）表示的是所有的数据集，图 6-6（b）对数据集分了两个聚类点，然后求出图中的每一个点到聚类点的距离，把距离短的归为一类，随后求出新的聚类点，通过新的一轮迭代，新的点就会变换，重复地进行迭代更新这两个聚类点，最终结果就是图 6-6（f），具体算法实现流程图如图 6-7 所示。

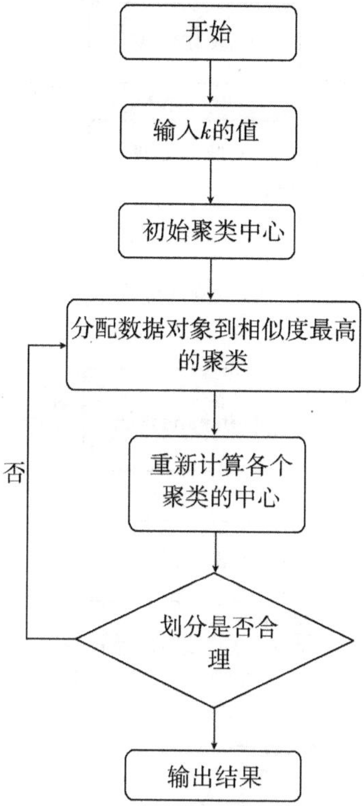

图 6-7 K-means 算法实现流程图

6.3 实现过程

6.3.1 软件功能及系统流程

本系统采用 Python 语言实现了基于聚类的图像识别，数据集是 cifar10，数据集通过用 CNN 卷积神经网络对图像特征进行提取，然后用无监督分类（K-means 算法分类）等功能，系统流程图如图 6-8 所示。

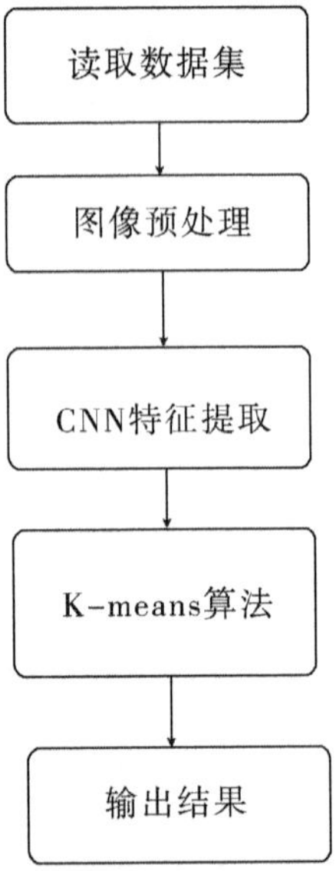

图 6-8　系统流程图

6.3.2　项目构成

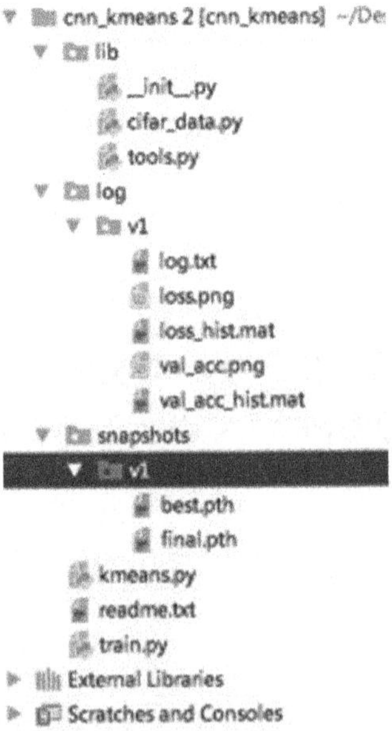

图 6-9　项目总体结构图

本程序的总体结构图如图 6-9 所示，lib 文件夹是库函数文件夹，cifar_data. py 读取数据集用的程序，tools. py 是相关辅助程序，log 是日志文件夹，log. txt 是系统的日志，loss. png 训练误差曲线，logg_hist. mat 训练误差曲线数据，test_features. png 测试集特征可视化，train_features. png 训练集特征可视化，val_acc. png 验证集准确率曲线，val_acc_hist. png 验证集准确率曲线数据。Snapshots 文件夹训练好的模型保存目录，train. py 训练模型程序，kmeans. py 聚类程序。

6.3.3　系统运行

首先是数据集的获取，运用的是 cifar10 数据集。它是以 mat 的格式进行保存的程序中，通过专门的 scipy. io 方法专门对 mat 文件进行读取，如图 6-10 所示。

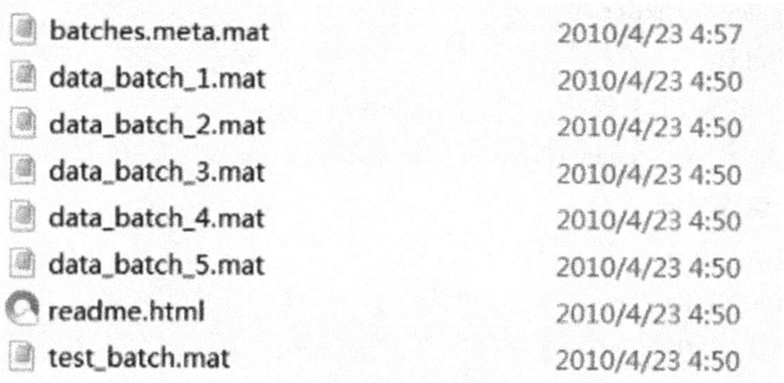

图 6-10　数据集图

通过 CNN 算法对图像特征进行提取，先批归一化、ReLU 激活函数、最大值降采样、均值降采样和全连接层。构建了一个模型，通过模型对数据进行操作。主要代码如下：

```
class ConvNet1(nn. Module):
def __init__(self, num_classes=10):
super(ConvNet1, self). __init__()
self. layer = nn. Sequential(
# 卷积层
nn. Conv2d(3, 32, kernel_size=5, stride=1, padding=2),
# 批归一化
nn. BatchNorm2d(32),
# ReLU 激活函数
nn. ReLU(),
nn. Conv2d(32, 32, kernel_size=5, stride=1, padding=2),
nn. BatchNorm2d(32),
nn. ReLU(),
```

```
# 最大值降采样
nn.MaxPool2d(kernel_size=3, stride=2),
nn.Conv2d(32, 32, kernel_size=5, stride=1, padding=2),
nn.BatchNorm2d(32),
nn.ReLU(),
# 均值降采样
nn.AvgPool2d(kernel_size=3, stride=2),
nn.Conv2d(32, 64, kernel_size=5, stride=1, padding=2),
nn.BatchNorm2d(64),
nn.ReLU(),
nn.AvgPool2d(kernel_size=3, stride=2))
self.fc = nn.Sequential(
# 全连接层
nn.Linear(64 * 3 * 3, 64),
nn.ReLU(),
nn.Linear(64, num_classes))
```

这里对 10000 个样本进行训练，验证的样本有 2000 个，测试的样本也是 10000 个一共训练 100 轮，进行分批处理，每一批是 100 个，学习的速率是 0.01，final test acc 表示最终的测试正确率是 0.73，best test acc 最好的正确率是 0.73，best val acc 最佳的验证正确率是 0.739，best epoch 最好的训练是第 55 轮，如图 6-11 所示。

```
train size: 10000
val size: 2000
test size: 10000
num epochs: 100
batch size: 100
lr 1: 0.01
final test acc: 0.7398
best test acc: 0.7374
best val acc: 0.739
best epoch: 55
```

图 6-11　数据图

训练误差曲线和验证集准确率曲线，如图 6-12 所示。

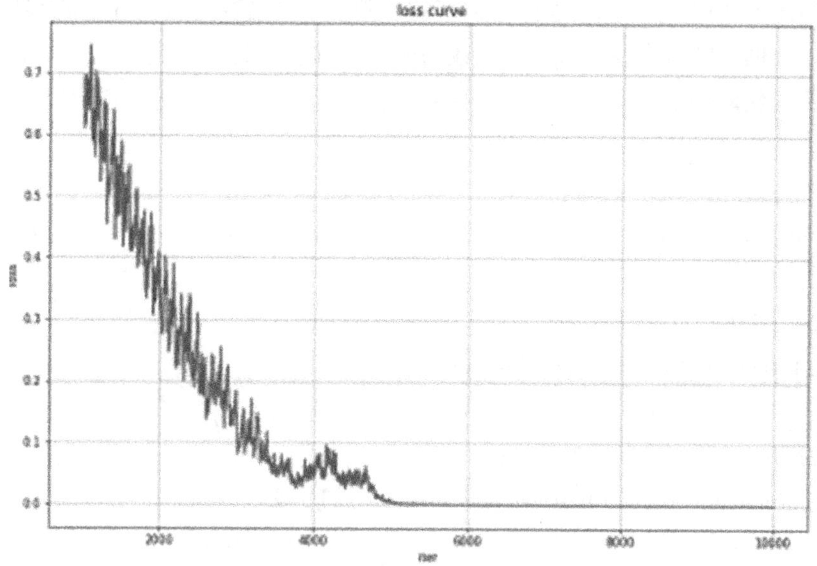

图 6-12　训练误差曲线

从图 6-12 中可以看出曲线图最初在 0.7 左右，上下波动得比较大，反映了其不稳定，其 x 轴上面的是迭代的次数，当 x 的值越大，y 轴上面的值也就越稳定，最后趋于稳定，如图 6-13 所示。

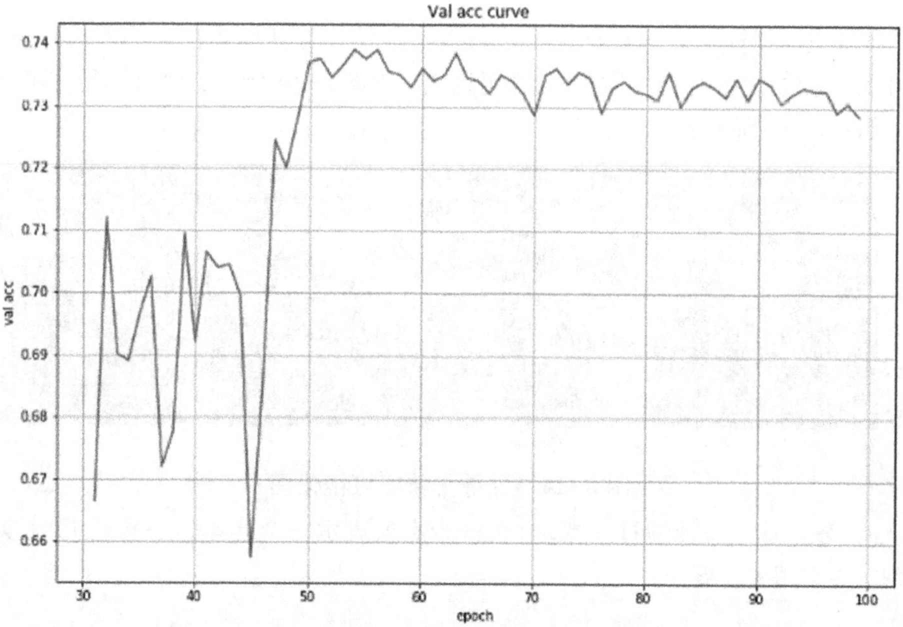

图 6-13　验证集准确率曲线

在图 6-13 中，x 轴代表的是训练的轮数，y 轴代表的是训练集的准确率，刚开始很低，随着训练的 epoch 轮数的增大，准确率趋于稳定。

关键代码如下：

```
plt.ion()
plt.figure(figsize=(12, 8))
plot_log(loss_hist, auto_scale=True, xlabel='iter', ylabel='loss', title='loss curve')
plt.grid()
plt.savefig(join(log_dir, 'loss.png'))


plt.figure(figsize=(12, 8))
plt.plot(np.arange(len(val_acc_hist)) + 31, val_acc_hist)
plt.xlabel('epoch')
plt.ylabel('val acc')
plt.title('Val acc curve')
plt.grid()
plt.savefig(join(log_dir, 'val_acc.png'))
```

6.3.4 聚类结果展示

通过对提取出来的特征向量进行聚类，计算特征向量之间的欧氏距离，将距离近的归为一类。训练集特征可视化图如图 6-14 所示，测试集特征可视图如图 6-15 所示。

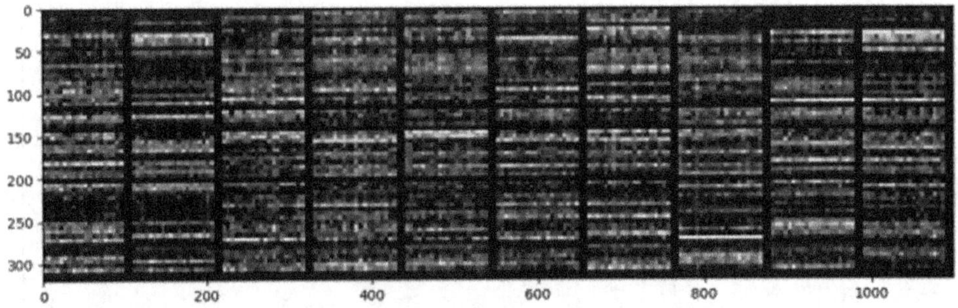

图 6-14 训练集特征可视化图

y 轴对应了特征的每一维，x 轴一个点就表示一个样本，一共是 10 个类别，中间用黑线隔开。

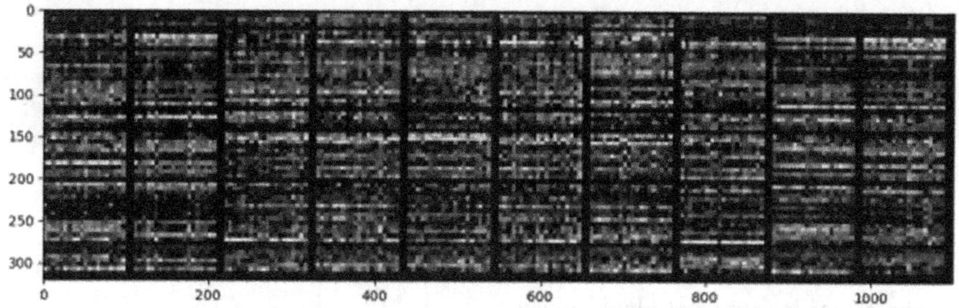

图 6-15　测试集特征可视化

绘制训练集特征图像代码如下：

```
whole_image = [ ]
for cls_index in range(10):
fs = train_features[train_labels = =cls_index][ :20]
f_image = [ ]
for f in fs:
f -= np. min(f)
f /= np. max(f)
f = feature2image(f)
f_image. append(f)
f_image = np. concatenate(f_image, axis=1)
black_block = np. zeros([f_image. shape[0],10])
whole_image. append(f_image)
whole_image. append(black_block)
whole_image = np. concatenate(whole_image, axis=1)
plt. ion()
plt. figure(figsize=(12,6))
plt. imshow(whole_image)
plt. savefig(join(log_dir,'train_features. png'))
```

绘制测试集特征图像代码如下：

```
whole_image = [ ]
for cls_index in range(10):
fs = val_features[val_labels = =cls_index][ :20]
f_image = [ ]
for f in fs:
f -= np. min(f)
```

```
f /= np.max(f)
f = feature2image(f)
f_image.append(f)
f_image = np.concatenate(f_image, axis=1)
black_block = np.zeros([f_image.shape[0],10])
whole_image.append(f_image)
whole_image.append(black_block)
whole_image = np.concatenate(whole_image, axis=1)
plt.ion()
plt.figure(figsize=(12,6))
plt.imshow(whole_image)
plt.savefig(join(log_dir,'test_features.png'))
```

系统中，通过聚类算法对数据集中的图像进行了聚类，此次的实验是将数据分成了 10 个类别。从验证集中随机地选出了 9 张照片，然后通过提取的特征向量进行识别出这 9 张图片属于哪一个类别，如图 6-16 所示。

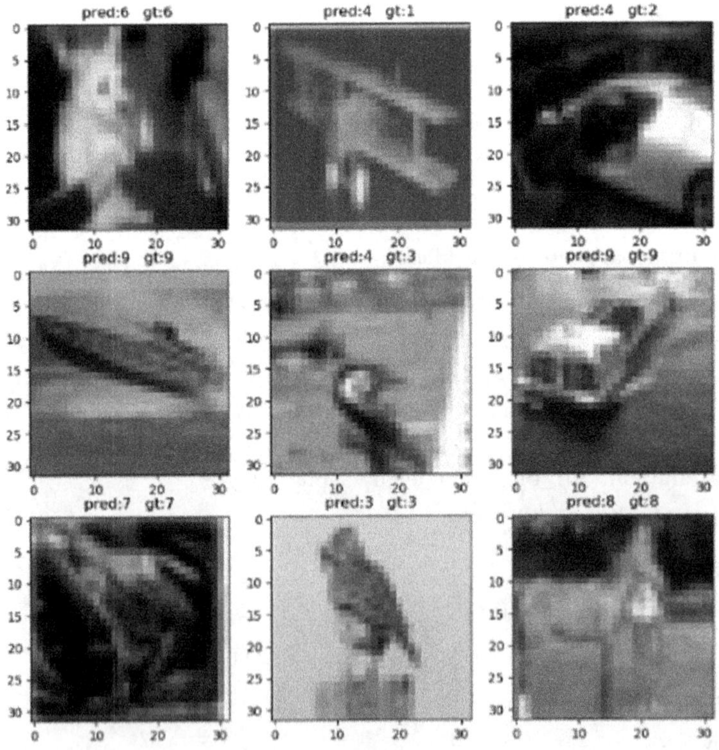

图 6-16　测试集特征可视化

从图6-16中可以看出，图片的大小都是32×32，pred代表的是通过聚类预测的类别，gt代表的是图片本身所属的类别。从左到右、从上到下可以看出有3张图片的预测不准确。由于聚类的正确率不是很高，导致了这个问题。图片依次为狗、飞机、汽车、船、鸟、船、青蛙、鸟和马。

第 7 章　基于方向梯度直方图与支持向量机行人检测

7.1　方向梯度直方图

方向梯度直方图（Histogram of Oriented Gradient，HOG）是应用在计算机视觉和图像处理领域，用于目标检测的特征描述器。这项技术是用来计算局部图像梯度的方向信息的统计值。这种方法跟边缘方向直方图（edge orientation histograms）、尺度不变特征变换（scale-invariant feature transform descriptors）以及形状上下文方法（shape contexts）有很多相似之处，但与它们的不同点是：HOG 描述器是在一个网格密集的大小统一的细胞单元（dense grid of uniformly spaced cells）上计算，而且为了提高性能，还采用了重叠的局部对比度归一化（overlapping local contrast normalization）技术。如今，HOG 特征+SVM 分类在行人检测识别中得到了极大的成功。

7.1.1　HOG 特征的计算

HOG 特征的流程图如图 7-1 所示。

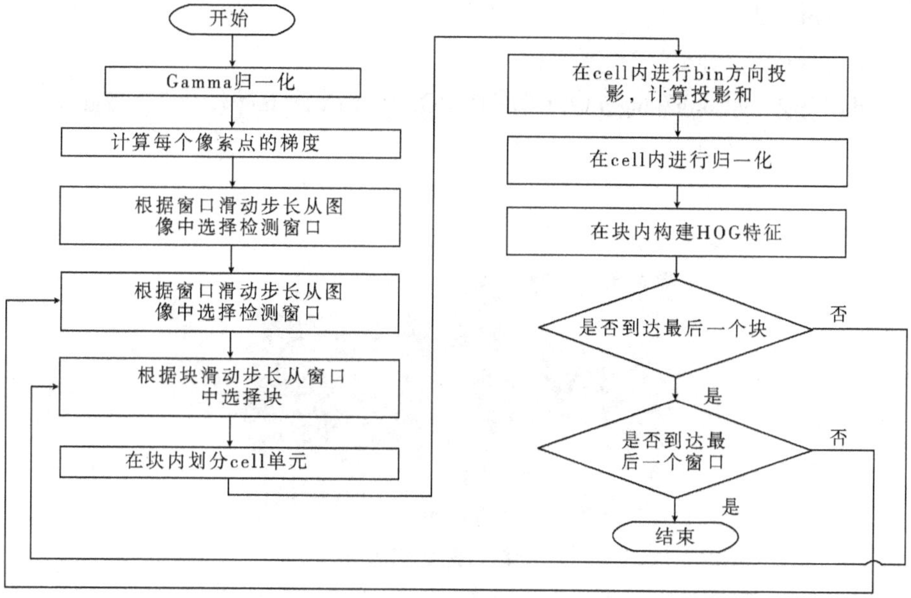

图7-1　HOG特征计算流程图

7.1.2　HOG计算详细过程

1. 灰度化

因为HOG特征提取的是纹理特征，颜色信息不起作用，所以现将彩色图转为灰度图，在rgb模型中R=G=B为灰度值。

图片灰度化：

```
#imread
#方法一
import cv2
img0=cv2.imread('123.jpg',0)
img1=cv2.imread('123.jpg',1)
print(img0.shape)
print(img1.shape)
cv2.imshow('img0',img0)
cv2.waitKey(0)
```

实验结果：

```
(640, 1024)
(640, 1024, 3)
```

```
#方法二
```

```
import cv2
img=cv2.imread('123.jpg',1)
dst=cv2.cvtColor(img,cv2.COLOR_BGR2GRAY)# img 转化 bgr-》gray
cv2.imshow('dst',dst)
cv2.waitKey(0)
```

实验效果如图 7-2 所示。

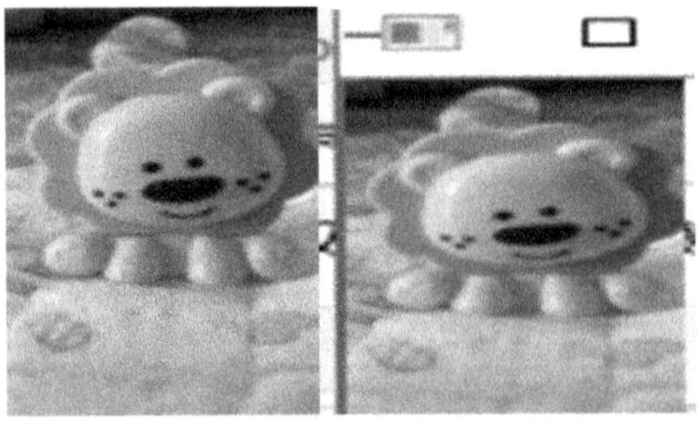

图 7-2 灰度化效果

2. 采用 Gamma 校正法对输入图像进行颜色空间的标准化（归一化）

为了减少光照因素的影响，首先需要将整个图像进行标准化（归一化）。在图像的纹理强度中，局部的表层曝光贡献的比重较大，所以，这种压缩处理能够有效地降低图像局部的阴影和光照变化。因为颜色信息作用不大，通常先转化为灰度图；目的是调节图像的对比度，降低图像局部的阴影和光照变化所造成的影响，同时可以抑制噪声的干扰。

Gamma 压缩公式：

$$I(x,y)=I(x,y)^{\text{Gamma}} \tag{7-1}$$

式中可以取 Gamma=1/2。

（1）计算图像梯度。

计算样本的梯度这是为了能够获得识别目标图片的轮廓信息，同时还能获得一些人体的人影纹理信息，并且能减少光照对目标图片的干扰。

计算图像横坐标和纵坐标方向的梯度，并据此计算每个像素位置的梯度方向值；求导操作不仅能够捕获轮廓、人影和一些纹理信息，还能进一步弱化光照的影响。

根据下面的公式计算每个像素的水平方向和垂直方向的梯度，并计算每个像素位置的梯度大小和方向。图像在像素点（x，y）处的水平方向和垂直方向的梯度为：

$$\begin{cases} G_x(x,y)=G(x+1,y)-G(x-,y) \\ G_y(x,y)=G(x,y+1)-G(x,y-1) \end{cases} \tag{7-2}$$

$G_x(x,y)$ 和 $G_y(x,y)$ 分别表示当前像素点 (x,y) 处的水平方向和垂直方向梯度值。

接下来我们计算像素点 (x,y) 处的梯度幅值和梯度方向：

$$\begin{cases} \nabla G(x,y)=\sqrt{G_x(x,y)^2+G_y(x,y)^2} \\ \theta(x,y)=\tan^{-1}\dfrac{G_y(x,y)}{G_x(x,y)} \end{cases} \tag{7-3}$$

最常用的方法是：首先用[-1,0,1]梯度算子对原图像做卷积运算，得到 x 方向（水平方向，以向右为正方向）的梯度分量 gradscalx；然后用 $[1,0,-1]^T$ 梯度算子对原图像做卷积运算，得到 y 方向（竖直方向，以向上为正方向）的梯度分量 gradscaly；最后再用以上公式计算该像素点的梯度大小和方向。

（2）为每个细胞单元构建梯度方向的直方图。

一幅图像划分为若干个块（Block），一个块（Block）都由若干单元（Cell）组成，一个单元都有若干个像素（Pixel）点组成，如图7-3所示。

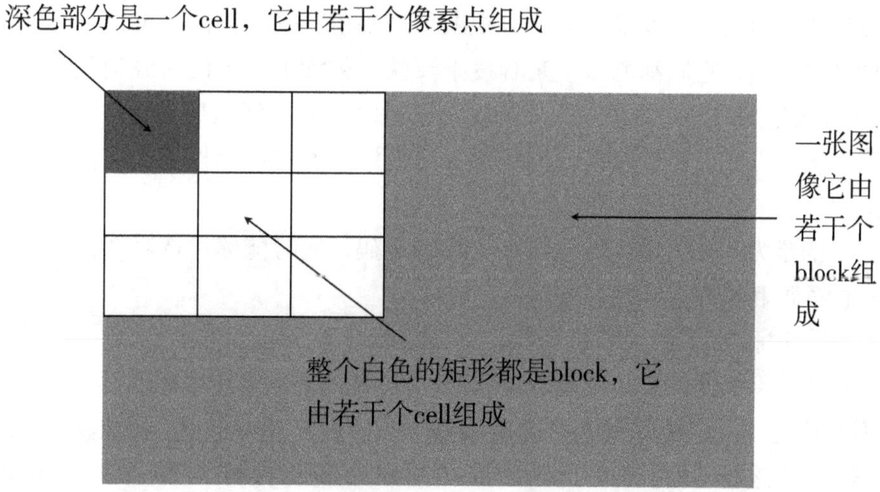

图7-3　一个图像中块与单元展示图

在每个 Cell 中有独立做梯度方向统计，从而以梯度方向为横轴的直方图，前面我们已经提到过，梯度方向可取0度到180度或0度到360度，但实验表明，对于人体目标检测0度到180度这种忽略度数正负极的方向范围能够取得更好的结果。然后又将这个梯度分布平均分成若干个方向角度（orientation bins），每个方向角度范围都会对应一个直方柱。

根据 Dala 实验，在人体目标检测中，在无符号方向角度范围并将其平均分成9份（bins）能取得最好的效果，当 bin 的数目继续增大效果改变不明显，故一般在人体目标检测中使用 bin 数目为 9，梯度方向取 0 ~ 180 度的度量方式。

Block 中各个参数的最终选取：

对于人体对象检测，块的大小为 3×3 个单元格，单元格的大小为 6×6 个像素时，检测效果是最好的，错误率为 10% 左右。块的大小为 2×2 个单元格，单元格大小为 8×8 个像素时，也相差无几。6 ~ 8 个像素宽的单元格，2 ~ 3 个单元格宽的块，其错误率都在最低的一个平面上。块的尺寸太大时标准化的作用被削弱了从而导致错误率上升，而如果块的尺寸太小时，有用的信息反而会被过滤掉。

在实际应用中，在 Block 和 Cell 划分之后，对于得到各个像区域中，有时候还会为了进行一次高斯平滑，但是对于人体目标检测等问题，该步骤往往可以忽略，实际应用效果不大，估计主要还是去除区域中噪点，因为梯度对于噪点相当敏感。

对梯度方向的投影权重方式的选取：

对于梯度方向的加权投影，一般都采用一个权重投影函数，它可以是像素点的梯度幅值，梯度幅值的平方根或梯度幅值的平方，甚至可以是梯度幅值的省略形式，它们都能够一定程度上反映出像素上一定的边缘信息。根据 Dalal 等人论文的测试结果，采用梯度幅值量级本身得到的检测效果最佳，使用量级的平方根会轻微降低检测结果，而使用二值的边缘权值表示会严重降低效果。

目的是为部分图像区域提供一个序列编码，同时能够保持对图像中人体对象的外形和模样形状的弱敏感性。

（3）细胞单元组合成块（Block），块内归一化梯度直方图。

由于局部光照的变化以及前景-背景对比度的变化，使得梯度强度的变化范围非常大。这就需要对梯度强度做归一化。归一化能够进一步地对光照、阴影和边缘进行压缩。归一化图像的主要目的是提高检测器对光照的鲁棒性，因为实际的人体目标可能出现在各种不同场合，检测器必须对光照不太敏感才会有好的效果，我们将归一化之后的块描述符称之为 HOG 描述符。

把各个细胞单元组合成大的、空间上连通的区间（Blocks）。这样，一个 Block 内所有 Cell 的特征向量串联起来便得到该 Block 的 HOG 特征。这些区间是互有重叠的，这就意味着：每一个单元格的特征会以不同的结果多次出现在最后的特征向量中。我们将归一化之后的块描述符（向量）就称之为 HOG 描述符。

通常使用的 HOG 结构大致有三种：矩形 HOG（简称为 R-HOG）、圆形

HOG 和中心环绕形 HOG。它们的单位都是 Block（即块）。Dalal 的试验证明矩形 HOG 和圆形 HOG 的检测效果基本一致，而中心环绕形 HOG 效果相对差一些。

R-HOG 区间大体上是一些方形的格子，它可以有三个参数来表征：每个区间中细胞单元的数目、每个细胞单元中像素点的数目、每个细胞的直方图通道数目。例如，行人检测的最佳参数设置是 3×3 细胞/区间、6×6 像素/细胞、9 个直方图通道，则一块的特征数为 3×3×9。

（4）收集 HOG 特征。

我们将检测图像中所有重叠的块（Block）进行 HOG 特征的组合，并将它们组成最终的目标特征向量，以便分类模型使用。

7.2　支持向量机（Support Vector Machine，SVM）

支持向量机（Support Vector Machine，SVM）是一类按监督学习（supervised learning）的方式对目的数据进行二元分类（binary classification）的广义线性分类器（generalized linear classifier），SVM 的决策边界是对学习样本求解的最大边距超平面（maximum-margin hyperplane）。

SVM 使用铰链损失函数（hinge loss）计算经验风险（empirical risk）并在求解系统中加入了正则化项以优化结构风险（structural risk），是一个具有稀疏性和稳健性的分类器。SVM 可以通过核方法（kernel method）进行非线性分类，是常见的核学习（kernel learning）方法之一。

SVM 被提出于 1964 年，在 20 世纪 90 年代后得到快速发展并衍生出一系列改进和扩展算法，包括最小二乘 SVM（Least-Square SVM，LS-SVM）、多分类 SVM、支持向量回归（Support Vector Regression，SVR）、半监督 SVM（Semi-Supervised SVM，SVM）支持向量聚类（support vector clustering）等，在文本分类（text categorization）、人像识别（face recognition）等模式识别（pattern recognition）问题中拥有广泛应用。

7.2.1　间隔与支持向量

在分类问题中给定输入数据和学习目标：$X=\{X_1,\cdots,X_N\}$，$y=\{y_1,\cdots,y_N\}$，其中输入数据的每个样本都包含多个特征并由此构成特征空间（feature space）：$X_i=[x_1,\cdots,x_n]\in x$，而学习目标为二元变量 $y\in\{-1,1\}$ 表示负类（negative class）和正类（positive class）。

若输入数据所在的特征空间存在作为决策边界（decision boundary）的超平面将学习目标按正类和负类分开，并使任意样本的点到平面距离大于等于 1：

$$决策边界(decision boundary): w^{T}+X+b=0$$

$$点到平面距离(point to plane distance): y_i(w^{T}X_i+b)\geqslant 1 \quad (7-4)$$

则称该分类问题具有线性可分性，参数分别为超平面的法向量和截距。

满足该条件的决策边界实际上构造了 2 个平行的超平面作为间隔边界以判别样本的分类：

$$w^{T}X_i+b\geqslant +1\Rightarrow y_i=+1 \quad (7-5)$$

$$w^{T}X_i+b\geqslant +1\Rightarrow y_i=+1 \quad (7-6)$$

所有在上间隔边界上方的样本属于正类，在下间隔边界下方的样本属于负类。两个间隔边界的距离 $d=\frac{2}{\|w\|}$ 被定义为间隔（margin），位于间隔边界上的正类和负类样本为支持向量（support vector），如图 7-4 所示 。

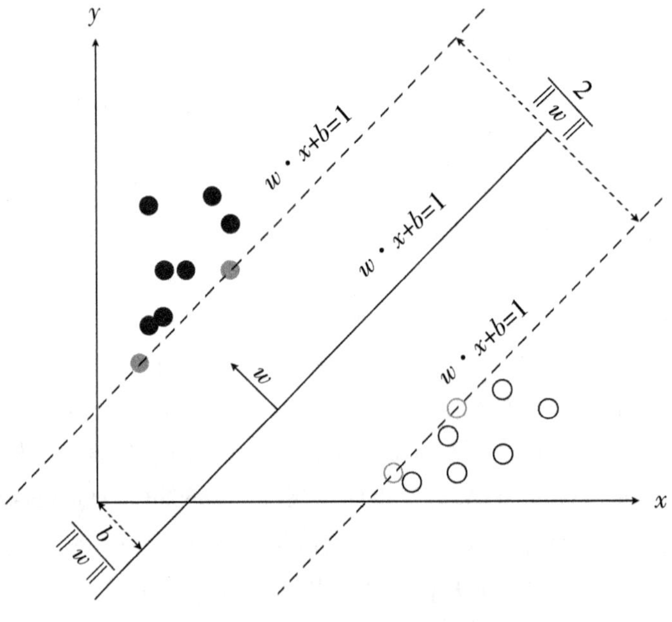

图 7-4　间隔与支持向量

首先从下面一个简单的二维数据集例子开始。

图 7-5 是一个线性可分的数据集。所谓线性可分，就是可以用一条直线将两类数据点完全分开。在图中，我们用圈圈表示负类，用加号表示正类。假设现在要用一条直线将正类和负类完全分开，显然会有无穷多个解，有无限多条直线可以完全分开正类和负类。

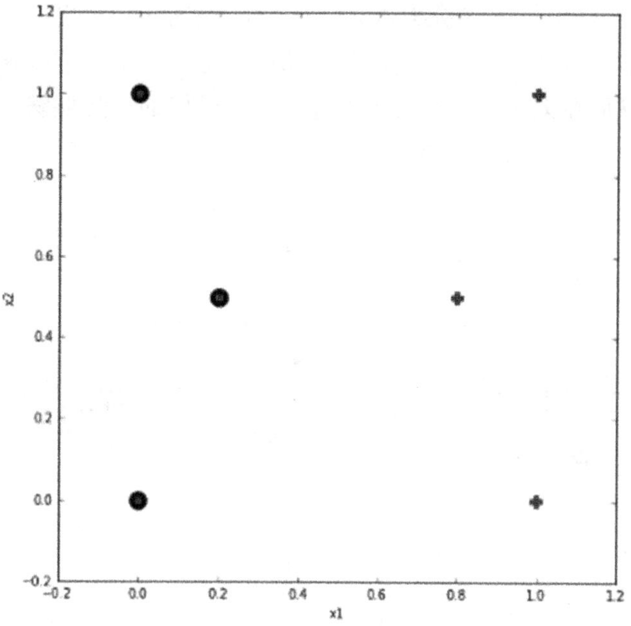

图 7-5　线性可分例 1

图 7-6 显示了其中一条可以完全区分两类的直线。

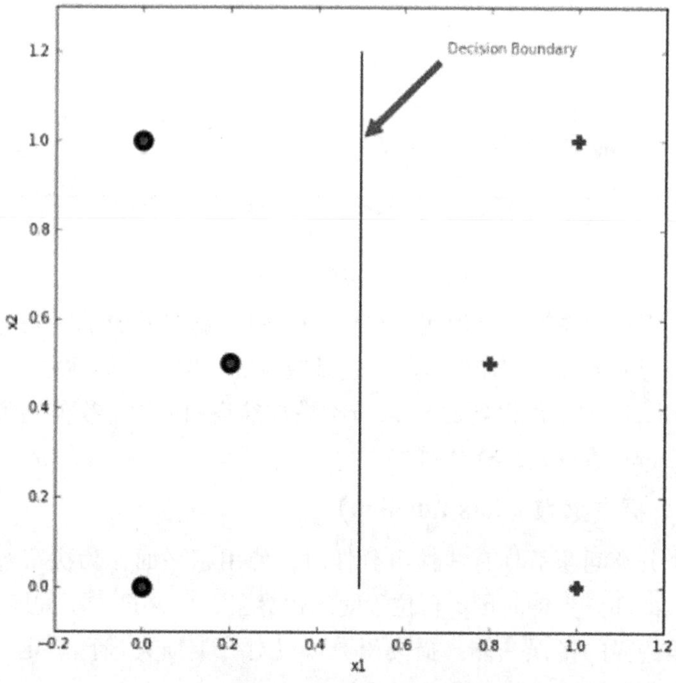

图 7-6　线性可分例 2

图 7-6 中的 DB 将图像分为两类，这条线一般被称为决策边界。图像中有无穷多的直线可以区分训练集的两类，那么肯定有一个标准能够度量决策边界的好坏，从而在无穷多个直线当中选择一个最好的而且能够作为分类的决策边缘来区分点。这就是 SVM 存在的意义。SVM 可以用来度量决策边界的好坏。

图 7-7 是 SVM（支持向量机）对决策边界的度量规则详解，从而选出 SVM 的最好的决策边界。

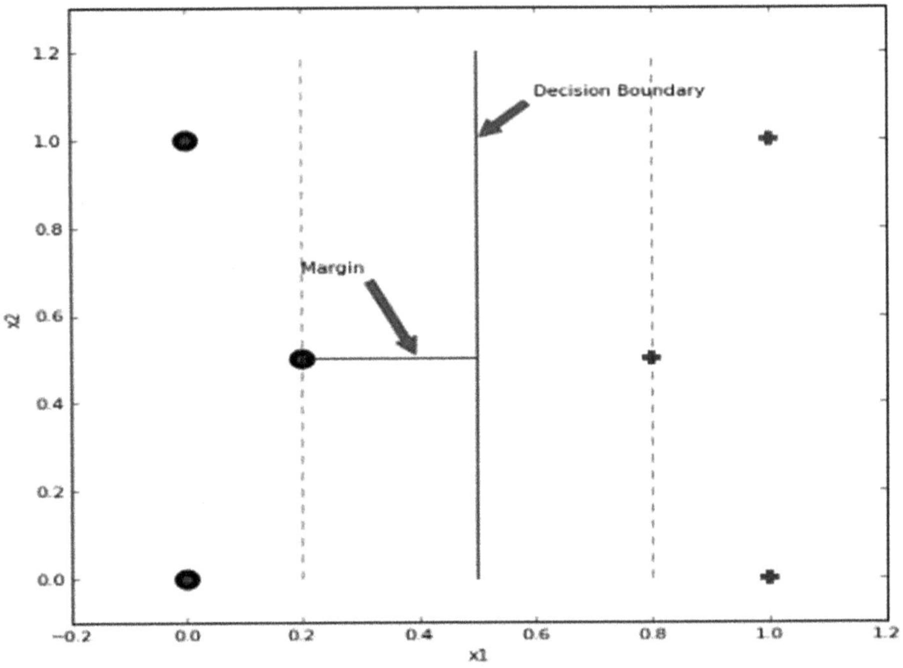

图 7-7　线性可分例 3

还是以刚刚的决策边界为例。在图 7-7 中，我们增加了一条与决策边界垂直，与最近的数据点相连的线段。这条线段的长度，我们称之为 Margin。

随着 Margin 的增加得到的 SVM 分类更加准确和成功，换句话说在分割的前提下，Margin 值越大，SVM 越好。

7.2.2　损失函数（loss function）

在一个分类问题不具有线性可分性时，使用超平面作为决策边界会带来分类损失，即部分支持向量不再位于间隔边界上，而是进入了间隔边界内部，或落入决策边界的错误一侧。损失函数可以对分类损失进行量化，其按数学意义可以得到的形式是 0-1 损失函数：

$$L(p)=\begin{cases}0 & p<0\\ 1 & p\geqslant 0\end{cases} \tag{7-7}$$

0-1 损失函数不是连续函数，不利于优化问题的求解，因此通常的选择是构造代理损失（surrogate loss）。可用的选择包括铰链损失函数（hinge loss）、logistic 回归损失函数（logistic loss）和指数损失函数（exponential loss），其中 SVM 使用的是铰链损失函数：

$$L(p)=\max(0,1-p) \tag{7-8}$$

对替代损失的相合性研究表明，当代理损失是连续凸函数，并在任意取值下是 0-1 损失函数的上界，则求解代理损失最小化所得结果也是 0-1 损失最小化的解。铰链损失函数满足上述条件。

7.2.3　核函数

一些线性不可分的问题可能是非线性可分的，即特征空间存在超曲面（hypersurface）将正类和负类分开。使用非线性函数可以将非线性可分问题从原始的特征空间映射至更高维的希尔伯特空间（Hilbert Space），从而转化为线性可分问题，此时作为决策边界的超平面表示如下：

$$w^{\mathrm{T}}\Phi(X)+b=0 \tag{7-9}$$

式中 $\Phi:X\rightarrow H$ 为映射函数。由于映射函数具有复杂的形式，难以计算其内积，因此可使用核方法（kernel method），即定义映射函数的内积为核函数（kernel function）：$k(X_1,X_2)=\Phi(X_1)^{\mathrm{T}}\Phi(X_2)$ 以回避内积的显式计算。

通常在处理实际问题的时候，会选择一些常用的核函数来使用，常用的核函数包括以下四种。

（1）线性核（linear）：

$$k(X_1,X_2)=(X_1^{\mathrm{T}},X_2) \tag{7-10}$$

线性核主要用于线性可分的情况，可以看到特征空间到输入空间的维度是一样的，线性核不需要设置参数，速度快，对于线性可分数据，其分类效果很理想，因此通常首先尝试用线性核函数来做分类，看看效果如何，如果不行再尝试其他的核函数。

（2）多项式核（polynomial）：

$$k(X_1,X_2)=\gamma(X_1^{\mathrm{T}},X_2+r)^n \tag{7-11}$$

多项式核函数可以实现将低维的输入空间映射到高维的特征空间，但是多项式核函数可以调整的参数比较多，而且越是高阶的多项式，计算复杂度越高，阶数高到一定程度后超出了计算机能表示的最大数会导致无法计算。多项式核有三个参数，n 用来设置多项式核函数的最高次项次数；γ(gamma)用来设置核函数中的 gamma 参数设置，一般默认为 $1/k$（k 是类别数）；r 默认为 0。

（3）径向基函数核（RBF kernel）：

$$k(X_1,X_2)=\exp\left(-\frac{\|X_1-X_2\|^2}{2\sigma^2}\right) \tag{7-12}$$

径向基函数是一种局部性强的核函数，其可以将一个样本映射到一个更高维的空间内，该核函数是应用最广的一个，无论大样本还是小样本都有比较好的性能，而且其相对于多项式核函数参数要少，因此大多数情况下在不知道用什么核函数的时候，优先使用高斯核函数。

（4）Sigmoid 核：

$$k(X_1,X_2)=\tanh[a(X_1^{\mathrm{T}}X_2)-b],a,b>0 \tag{7-13}$$

采用 Sigmoid 核函数，支持向量机实现的就是一种多层神经网络。

在选用核函数的时候，如果对数据有一定的先验知识，就利用先验来选择符合数据分布的核函数；如果不知道的话，通常使用交叉验证的方法，来试用不同的核函数，误差最小的即为效果最好的核函数，或者也可以将多个核函数结合起来，形成混合核函数。在真正处理实际数据的时候，有一个问题：由于核函数有多个，而常常对要分类的数据的分布也一般不会事先知道，那么针对一个具体的问题，核函数应该怎么选？遗憾的是，目前还没有找到指导性的原则，核函数的选择一般还是根据使用者的经验或者实验显示误差最小为准，一些研究者也根据经验给出了一些选择核函数的参考方法。

7.2.4　训练 SVM

（1）开始训练样本集合，其中包含正样本数据库和负样本数据库。

（2）收集到我们所需要的训练样本之后，需要对收集的样本进行归一化处理，也就是说要对样本进行几何化处理。例如，使用 HOG+SVM 来对城市交通的监控画面中进行行人检测，那么应该收集视频，裁剪画面。

（3）得到训练样本之后，然后此次实验在训练时，将样本归一化为 64×128 标准进行训练的。

（4）提取所有正样本的 HOG 特征。

（5）提取所有负样本的 HOG 特征。

（6）标签化正负样本。

（7）将正负样本数组、标签数组，都导入到 SVM 中进行训练；此次实验考虑到机器运行速度问题，建议采用线性 SVM 进行训练。

（8）SVM 训练结束后，通过程序包提供的模型导出接口，将结果保存为 model 文本文件。

（9）最终得到的SVM文件就是我们所需要的线性SVM分类模型。

7.3　实现过程

1. 数据获取

目前，已经有很多的行人检测数据集，如MIT数据库等静态图像数据库和ETH行人数据库等视频数据库。此次实验行人检测主要使用了以下数据库图片来作为实验的正负样本。

MIT数据集：

该数据库为公开时间比较早的行人数据集：只含人体正面和背面两个视觉角度，无负样本。

（1）64×128ppm格式的图像；

（2）924个文件；

（3）压缩的10兆字节：未压缩的22兆字节；

（4）tar/gz格式压缩。

INRIA数据集：

该数据库是使用最多次数的静态的行人检测数据集，是作为图像和视频中行人检测研究工作的一部分而收集的。数据集总共分为两种格式：

（1）具有相应注释文件的原始图像；

（2）标准化64×128像素格式的正样本图像（如CVPR论文中使用的）具有原始负样本图像。

ETH行人数据集：

Ess组建了基于双目视觉的行人数据集用来多人的行人检测与追踪研究。该数据集是由一对车载的AVT Marlins F033C摄像头进行摄影，分辨率640×480，帧率13-14fps，图片拥有标定信息和行人标注信息，深度图像信息采用其他方式传播方法获取。

CVC行人数据集：

该数据库目前拥有三个数据集(CVC-01、CVC-02和CVC-Virtual)，其数据集将用于车辆辅助驾驶中的行人的动态性检测研究，数据集如图7-8所示。

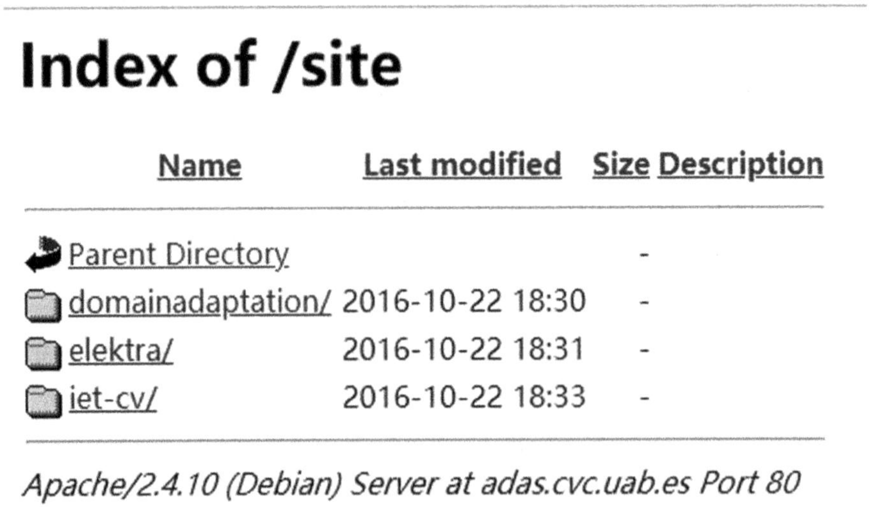

图 7-8　CVC 数据集网站目录

2. 数据准备

将下载的数据集解压，将其分类成 train、test、pos、neg 几个不同的文件夹，数据内容都是根据类别分类，此次实验训练集的图片的大小必须一致，如 pos 的大小都为 64×128、neg 的大小都为 64×128，否则训练过程会报错。数据集选择如图 7-9 所示。

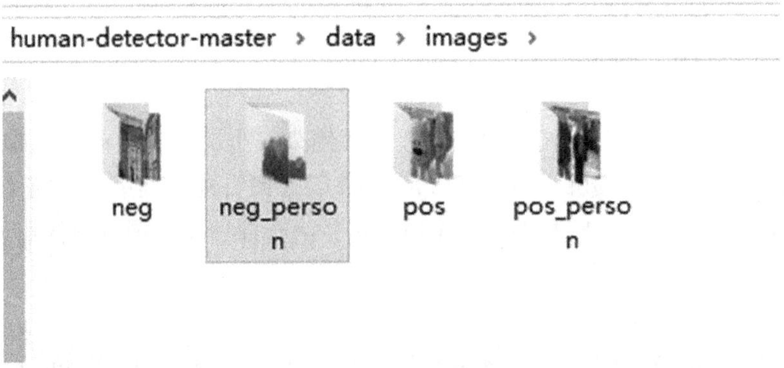

图 7-9　数据准备

3. 图像数据处理

图像数据处理是利用图像数据去噪、图像切割、图像灰度化等各类手段根据需求对图像数据进行修改的技术。图像数据处理技术大致可以分成两大类：模拟和数字图像处理技术。近年来，随着图像处理技术日趋成熟和完善，数字图像处理技术开始逐渐地被航空航天、军队、生物、医药学及人工智能大数据等广泛应用。

因为要提取图片 HOG 特征，所以需要对样本图像进行预处理：

图片的导入：

代码：#1 引入 cv2 2 api 3 暂停

```
import cv2
#1 文件的读取 2 封装格式的解析 3 数据解码 4 数据加载
img=cv2. imread('123. jpg',1)
#jpg png 1 文件头 2 文件数据
cv2. imshow('123. jpg',img)  #显示效果如图 7-10 所示
cv2. waitKey(0)
```

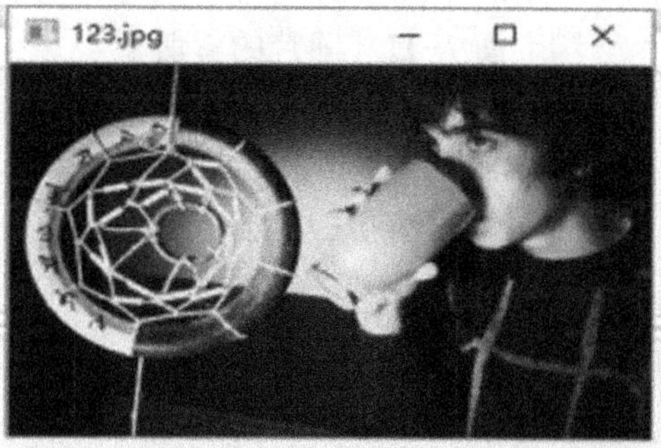

图 7-10　图片的导入

图片的剪切：

代码：#x：100-》200

```
#y：200-》300
import cv2
img=cv2. imread('123. jpg',1)
imginfo=img. shape
dst=img[100:200,100:300]
cv2. imshow('imginfo',dst)  #显示效果如图 7-11 所示
cv2. waitKey(0)
```

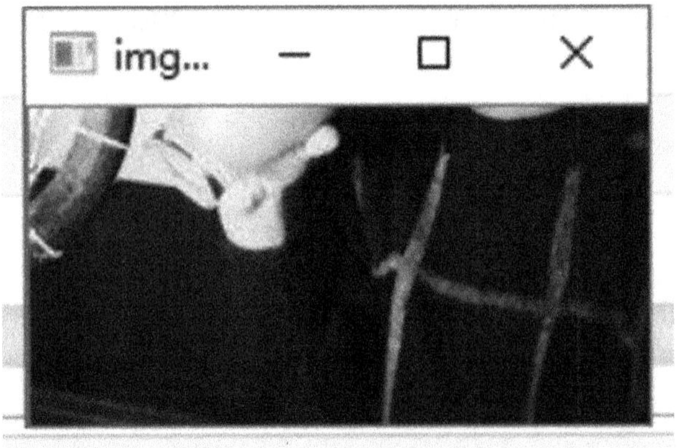

图 7-11 图片的剪切

图片的缩放：

```
# 1 info 2 空白模板 3 像素值
import cv2
import numpy as np
img =cv2. imread('1230. png',1)
imginfo=img. shape
heigth=imginfo[0]
width=imginfo[1]
dstheigth=int(heigth/2)
dstwidth=int(width/2)
dstimge=np. zeros((dstheigth,dstwidth,3),np. uint8)#0-255
for i in range(0,dstheigth):
for j in range(0,dstwidth):
newi=int(i * (dstheigth/heigth))
newj=int(i * (dstwidth/width))
dstimge[i,j]=img[newi,newj]
cv2. imshow('dst',dstimge)    #显示效果如图 7-12 所示
cv2. waitKey(0)
```

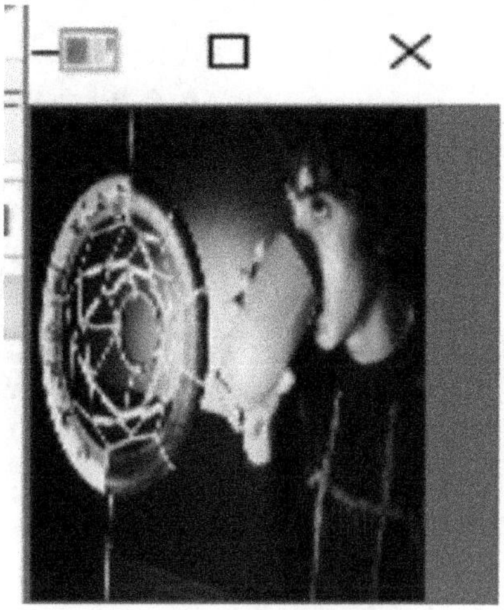

图7-12　图片的缩放

对图片进行以上图形变换处理，得到所需要的正负样本图片，在之后的提取图片HOG特征和训练模型SVM将会很方便。

7.4　结果与分析

为了更好地观察实验结果，在最后进行实验结果检测时准备了两组待检测图片组。

在提取HOG特征和训练SVM后进行行人的检测。

第一组数据检测前：

图7-13　测试图片1

为验证本文算法行人检测的识别效果，我们选取一张包含有包、袋子等细小的干扰的图像数据的图片，如图7-13所示，人物面部正面的图片，减少对实验结果的干扰性。视频尺寸为1380×780，程序在Windows机上运行，PC机配置：中央处理器（CPU）为Intel i7，内存（Memory）为静态8GB DDR3。检测效果分析如下。

其中行人检测和跟踪的效果如图7-14所示。

第一组检测结果：

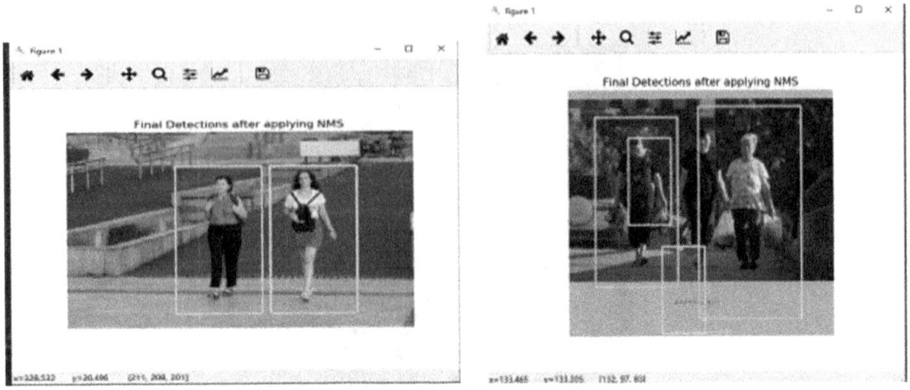

图 7-14　测试结果 1

第二组实验数据为验证程序功能模块实现效果，我们逐渐增加图片的干扰性。我们选取一段人脸侧面或背面的图片，以增加干扰性。视频尺寸为 1366×780。程序在 Windows 电脑上运行，PC 机配置：中央处理器（CPU）为 Intel i7，内存（Memory）为静态 8GB DDR3。检测效果分析如下。

其中行人检测和追踪的效果如图 7-15 和图 7-16 所示。

第二组数据检测前：

图 7-15　测试图片 2

图 7-16　测试结果 2

最后列举出 PC 端所输出的数据。

实验数据对比如表 7-1 所示。

表 7-1　输出结果对比

Sc	Shape
[0. 6959985208965183, 1. 4511907625407467, 0. 6140997426495118, 0. 9015344931261191, 0. 8526158593179214, 0. 5728028974803172, 1. 0903981391040134, 0. 6826156705196489, 0. 6319549217434384, 1. 037276862476426, 0. 702748847533851, 0. 8869307786745295]	(3L, 4L)
[0. 8584056711529002, 0. 7190357440614026, 0. 7983764007564214, 0. 6899517493795198, 1. 2353391537514102, 0. 7664627866534244, 1. 5588811346844602, 1. 5459888734460059, 2. 0428507851387216]	(3L, 4L)
[0. 5551492300794039, 0. 5515837332101352, 1. 8885502096116447, 0. 6283607565039289, 0. 8457946570983463, 0. 9069315105943063]	(2L, 4L)
[1. 9977601182771723, 0. 5261369615403702, 0. 5318029337727663, 0. 9781030781883484, 0. 992787679322279, 1. 0095563681209627, 0. 747561642594939]	(3L, 4L)

从以上结果来看 HOG+SVM 进行行人识别可以看出，分类器效果比较成功，但对其他有较大影响图片识别不够准确，主要原因大概有以下几点：

（1）训练样本不足，样本理论上是无限大；

（2）正样本图片不够清晰，导致特征提取有比较大的误差；

（3）图片大小、质量和人物的动态性对实验结果产生很大的干扰性。

第 8 章　移动用户行为分析

在移动用户的移动行为分析预测中，我们要想能够相对准确确定用户将要前往的位置，就要对大量的用户数据进行分析。要实现对用户的移动行为分析预测，我们就不能简单地对位置信息处理。位置信息在地图上往往会呈现出很多点，并且这些点由于用户的移动行为，包含着自己的独有信息。用户会在用户停留点形成一个个点密集的区域，这些区域往往有着特殊的意义，比如有可能是用户的家，或者上班的公司等。这些点信息通常还具有规律性，从几点开始，一直到多少小时后，每天都如此，这就可以很轻松地对用户的移动行为进行预测。但是，实际生活中，用户的数据点要更为复杂，而不是简单的点集，这就需要通过数据分析研究来解决。

8.1　用户轨迹分析流程

本设计的数据来源是微软亚洲数据研究院提供的公开数据集。数据集是微软亚洲研究院花费三年的时间，收集了总计 182 个用户，总长度超过 120 万千米的 GPS 轨迹数据。轨迹记录了上班、回家等日常生活习惯，还有用户参加的各种户外运动，包括但不限于远足、旅游、骑行等娱乐和体育活动。该数据涵盖方面广、内容丰富、数据详细，可以作为本设计的源数据。

因为我们分析不再是简单的位置点，而是由一系列的由时间序列串联起来的位置点，也可以被称之移动轨迹。我们就不能简单使用过去常规的方法进行分析预测。对移动用户的轨迹包含有时间序列的数据，我们分析的时候就要考虑更多的问题。

首先，我们要分析用户的信息，必须要有数据，并且使用的数据是否有效，数据的品质和数量足不足够我们分析使用，这也是关键。数据位置之间的时间间隔太大就会导致分析结果和预测结果出错。其次，我们要清楚数据集中的项代表什么意思。知道了每一条数据的意义，才能有的放矢。

移动用户的位置移动轨迹数据分析流程主要包括以下几个部分，如图 8-1 所示。

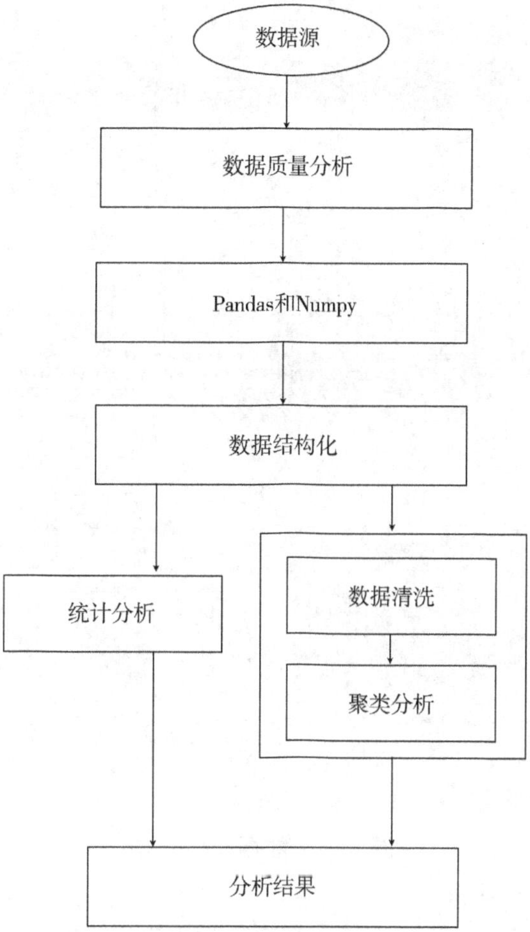

图8-1　用户移动轨迹分析流程

8.2　用户数据处理

1. 数据集结构

本文的实验数据是来自微软亚洲研究院的开源数据集，它提供了有关用户移动位置信息的相关数据。数据集内按照不同的个体，分为了182个文件夹，单个文件夹中存放一个人的数据，每个人的数据又是由数量不一的plt文件组成的。存放用户数据的plt文件格式内容如图8-2所示。

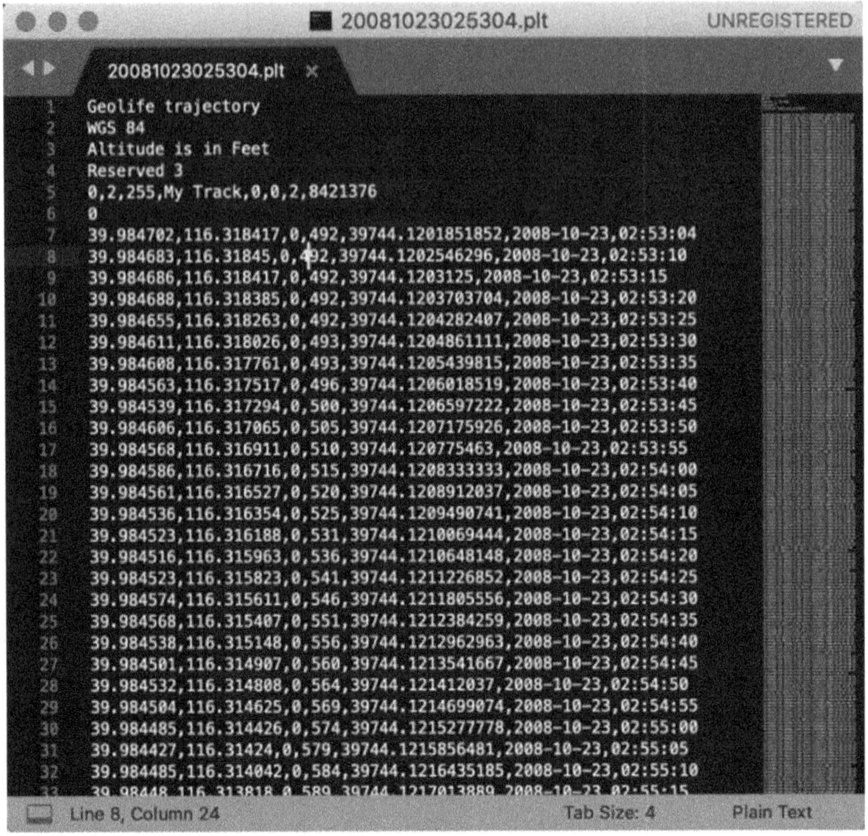


```
Geolife trajectory
WGS 84
Altitude is in Feet
Reserved 3
0,2,255,My Track,0,0,2,8421376
0
39.984702,116.318417,0,492,39744.1201851852,2008-10-23,02:53:04
39.984683,116.31845,0,492,39744.1202546296,2008-10-23,02:53:10
39.984686,116.318417,0,492,39744.1203125,2008-10-23,02:53:15
39.984688,116.318385,0,492,39744.1203703704,2008-10-23,02:53:20
39.984655,116.318263,0,492,39744.1204282407,2008-10-23,02:53:25
39.984611,116.318026,0,493,39744.1204861111,2008-10-23,02:53:30
39.984608,116.317761,0,493,39744.1205439815,2008-10-23,02:53:35
39.984563,116.317517,0,496,39744.1206018519,2008-10-23,02:53:40
39.984539,116.317294,0,500,39744.1206597222,2008-10-23,02:53:45
39.984606,116.317065,0,505,39744.1207175926,2008-10-23,02:53:50
39.984568,116.316911,0,510,39744.120775463,2008-10-23,02:53:55
39.984586,116.316716,0,515,39744.1208333333,2008-10-23,02:54:00
39.984561,116.316527,0,520,39744.1208912037,2008-10-23,02:54:05
39.984536,116.316354,0,525,39744.1209490741,2008-10-23,02:54:10
39.984523,116.316188,0,531,39744.1210069444,2008-10-23,02:54:15
39.984516,116.315963,0,536,39744.1210648148,2008-10-23,02:54:20
39.984523,116.315823,0,541,39744.1211226852,2008-10-23,02:54:25
39.984574,116.315611,0,546,39744.1211805556,2008-10-23,02:54:30
39.984568,116.315407,0,551,39744.1212384259,2008-10-23,02:54:35
39.984538,116.315148,0,556,39744.1212962963,2008-10-23,02:54:40
39.984501,116.314907,0,560,39744.1213541667,2008-10-23,02:54:45
39.984532,116.314808,0,564,39744.121412037,2008-10-23,02:54:50
39.984504,116.314625,0,569,39744.1214699074,2008-10-23,02:54:55
39.984485,116.314426,0,574,39744.1215277778,2008-10-23,02:55:00
39.984427,116.31424,0,579,39744.1215856481,2008-10-23,02:55:05
39.984485,116.314042,0,584,39744.1216435185,2008-10-23,02:55:10
39.98448,116.313818,0,589,39744.1217013889,2008-10-23,02:55:15
```

图 8-2　数据文件详情

2. 数据的导入导出

数据处理的开始是将数据导入到自己的程序中，Python 为我们提供各种处理数据的工具，当然也少不了数据文件导入导出的工具了。使用 Pandas 的工具包可以轻松地将各种格式的文件导入进来。可以使用 pandas. read_csv( ) 方法获取文件数据，或者使用命令将文件内多个文件进行合并，然后进行读取操作。或者将文件格式改为 Pandas 可以轻松识别的文件。

3. 数据的清洗

一般情况下，拿到数据集还要进行进一步的清洗才能使用。由于使用的是公开集，数据经过微软研究院的处理清洗和筛选，大大节省了我们的工作负担。经过观察前六行是无用数数据，可以删去。同时我们发现数据是没有表头的，我们在官方文档中得知，字段 1 ~ 7 的意义分别为十进制的纬度、经度、无用的字段 0、单位米的海拔高度、自 1899 年 12 月 30 以来的天数、日期字符串、时间字符串。由以上信息可以删去无用列，并给表添加表头。然后查看数据结果如图 8-3 所示。

```
: data1=df.drop(['0'],axis=1)
  #更改列名
  col1=["latitude","longitude","height","date","date_str","time"]
  data1.columns=col1
  print('-----------数据前6行概览-----------')
  print(data1.head())
  #将高度中负数替换为0
  data1['new_height']=data1['height']
  data1.loc[data1['height'] <0,'new_height'] = 0
```

```
-----------数据前6行概览-----------
    latitude   longitude  height          date    date_str      time
0  39.984683  116.318450     492  39744.120255  2008-10-23  02:53:10
1  39.984686  116.318417     492  39744.120313  2008-10-23  02:53:15
2  39.984688  116.318385     492  39744.120370  2008-10-23  02:53:20
3  39.984655  116.318263     492  39744.120428  2008-10-23  02:53:25
4  39.984611  116.318026     493  39744.120486  2008-10-23  02:53:30
```

图 8-3 数据处理和处理结果

8.3 用户轨迹分析方法

本设计主要研究移动用户轨迹，用户的轨迹位置信息中包含了许多用户兴趣爱好、生活习惯等。轨迹中这些信息并不是直接就能看出来的，需要我们进行数据分析和挖掘。

8.3.1 用户轨迹预处理方法

常用的轨迹预处理方法有过滤、插入和平滑。从数据集中获取到的轨迹点，除去正常的位置数据，其中还包含有一些由于 GPS 定位的精度问题导致的位置偏移。由于移动设备的定位会受到信号的影响，在某些信号质量不佳的地方，会出现 GPS 定位信息偏离实际位置的情况。我们如果不对这些虚假无效的数据处理，那么就会影响我们的实验结果，从而使对未知的分析和预测的准确率大大降低。我们可以使用过滤法，将那些点与点之间差距太大的、不符合实际情况的数据删除。本数据集相对来说，虚假无用数据少得多，过滤起来就简单得多。

用户停留过的点相对于快速移动的点要有意义得多。例如，用户在一地点上长达数小时都没有进行过任何移动，那么那个地点就可能是用户的家；或者用户在一栋楼内缓慢移动，而且时间集中在上午九点到下午五点之间，那么那个地点就很可能是用户的工作地点。

轨迹点中处于高速运动的点很明显不可能是停留点，所以这些轨迹点对我们研究用户的兴趣爱好是没有帮助的，也就是无用数据。对于这些轨迹点，我们保留着是没有意义的，所以我们可以将高速运动的轨迹点给移除掉。

8.3.2 用户停留点分析

数据经过预处理，数据对我们对用户轨迹进行分析还是不能够直接使用。当用户高速移动时，此时的位置信息是没有使用价值的，在背景介绍中已经提过。所以用户位置信息中最有商业价值和值得研究的是停留点。用户的停留点除了用户工作的地点和家的地点，其他地点必然有用户感兴趣的事物，不管是吃的喝的玩的，这些都是用户喜欢的东西，这些位置点又被称为兴趣点。发现兴趣点有两种方法，其一是人工输入地点信息，然后使用用户信息去比对；其二便是动态标记法，通过分析轨迹点的内部特征，将用户停留点给标记出来。此方法准确性不如人工的静态方法，但是胜在节省人力，因此选择了动态法查找停止点。

8.3.3 用户轨迹点聚类分析

通常用户停止点的轨迹点在空间和时间都十分接近，并且速度缓慢，因此可以通过对已完成预处理的数据进行聚类分析得到停止点。K-means 算法和 DBSCAN 是最常使用的聚类算法。但是轨迹点分析使用 K-means，没有给定的子类簇，过于复杂，因此选择使用 DBSCAN 算法对轨迹点进行聚类分析。

密度聚类可以利用位置点的密度连通性进行分类。此算法在对每个位置点都查找类似的位置点，再不断地迭代查找聚类，最后将相似的所有位置点聚为一个类。与其他聚类方法不同的是，DBSCAN 可以生成各种形状的类簇，而不是类似圆的类簇。

8.3.4 DBSCAN 重要位置分析

经过以上预处理等操作后，删掉不是停留点的轨迹点，只保留了停留点。但是在现实生活中，人们有可能就在一小片区域中活动，直接使用得的到停留点的数据集，就进行移动分析预测，很可能会因为停留点太零碎，而得到用户总在一个地方不停移动，这一定不符合实际情况，预测就没有了效果。所以数据集仍要进一步的处理，来避免产生这一问题。BDSCAN 是基于密度没有固定形状的聚类，所以我们可以再进一步使用 DBSCAN 算法对停留点进行聚类。而且聚类的结果也更加符合实际生活中的场景。给定固定的阈值和半径，来对用户所有的停留点的集合进行聚类。聚类成功后，将聚类的中心坐标用聚类的所有点的平均坐标代替。同时按照簇中，点最早到达的时间和点最晚到达的时间当作中心点的到达和离开时间，然后按照时间先后顺序排序。从轨迹点中得到重要停留位置的方法流程图如图 8-4 所示。

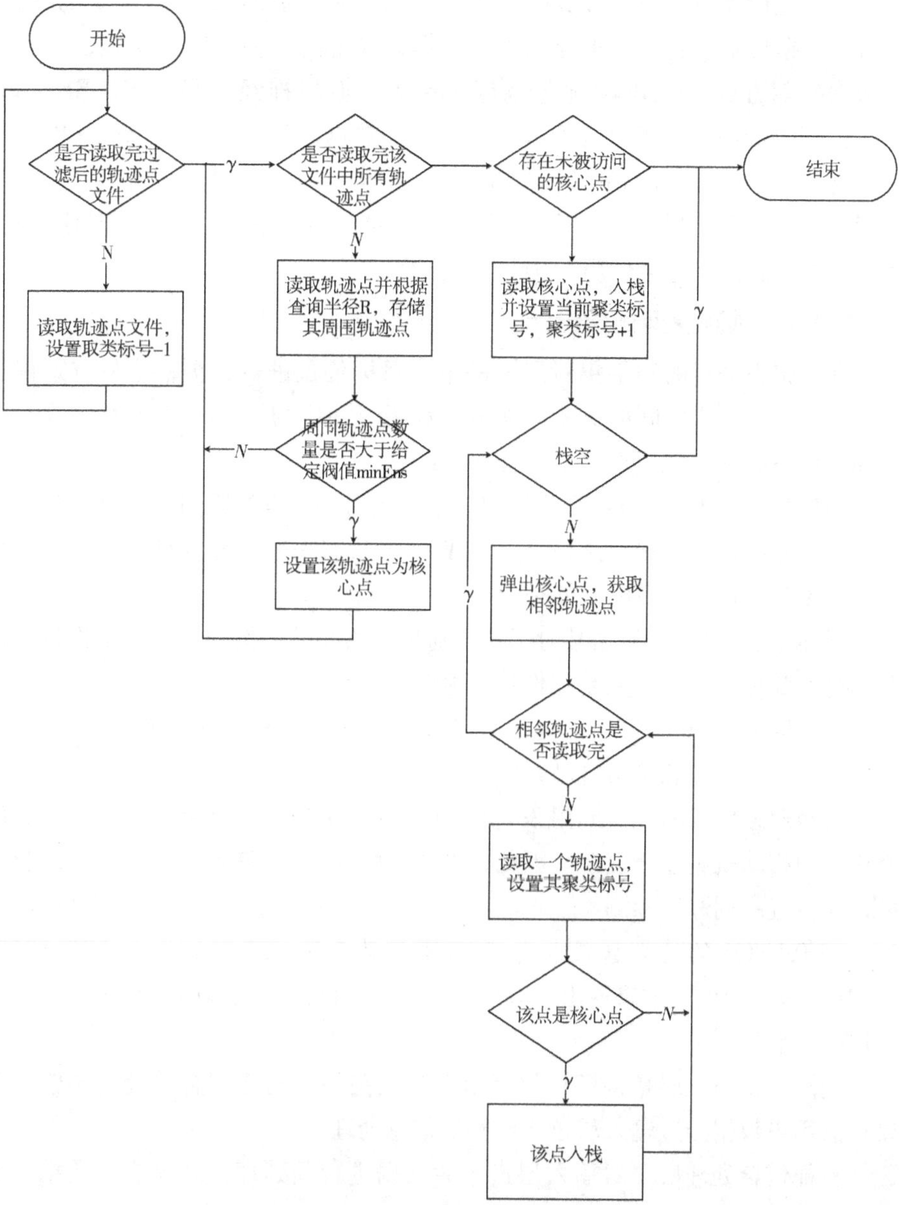

图 8-4　位置发现流程图

8.4　基于 LSTM 的位置预测

预测人的移动位置的方法有很多，但是由于人不是程序，移动位置变化多而比较复杂，再加上又不是线性关系，一般都是多维问题，很难使用普通的方法去进行预测。因为很多预测位置的方法都有局限性，没有完美的方法。随着大数据技术的发展，神经网络在数据建模上的优势越来越明显，在多特征数据处理方面呈现出的优势也越来越大。循环神经网络 RNN（Recurrent Neural Networks）虽然可以处理带时序的各类数据，但是它没有记忆功能，无法处理长时序问题。LSTM（Long Short-Term Memory）与 RNN 结构类似，但是比后者多了一个控制器，有了一定的存储信息能力，也适合处理长时序问题，因此，本问题比较适合使用 LSTM 神经网络。

8.4.1 预测模型框架设计

使用聚类分析的结果集对用户的下一目标位置进行预测，这种方式仅仅是利用了地理位置之间的关系，而没有利用时间序列。Ying 等人在位置挖掘中提出用户的下一位置意图主要有三类：

地理触发意图（GI）：是指用户从某点到另外一点的原因，可以通过这个原因去预测用户的位置。例如，用户 M 每天从家去往学校，目前用户在家我们可以预测用户下一目的地就是学校。

时间意识（TI）：根据某时间用户到某地的原因。例如，每个工作日用户 A 都要去 B 地上班，今天是工作日，他要去 B 地。

原因触发意图（SI）：因为出现某些因素用户到另外地方的原因。例如，天气不好时，用户总是会自己开车去公司。

将地理触发意图、时间触发意图和原因触发意图组合起来创建模型，研究用户的移动轨迹过于复杂。因此，本书采用了 LSTM 进行地理和时间组合建模，对位置序列进行预测。

基于 LSTM 的位置预测框架是由用户数据输入层、特征信息处理层、LSTM 隐藏层和预测结果输出层共四层构成的。框架模型图如图 8-5 所示，每一层的功能如下：

用户数据输入层是将用户位置信息和相关的时间序列合并处理并输入的结构。用户数据经过输入层进入到特征信息处理层。

特征信息处理层，对输入层进来时数据进行预处理，并提取出数据中的停留点。对所有的停留点进行密度聚类分析，转化为相对应的输入特征向量。

LSTM 隐藏层，该层利用从上一层获取到的特征向量，进行模型训练，获得合适的预测模型，并对模型的一些参数进行修改，对模型进行优化。

预测结果输出层，将测试数据放入到模型中，进行预测分析。

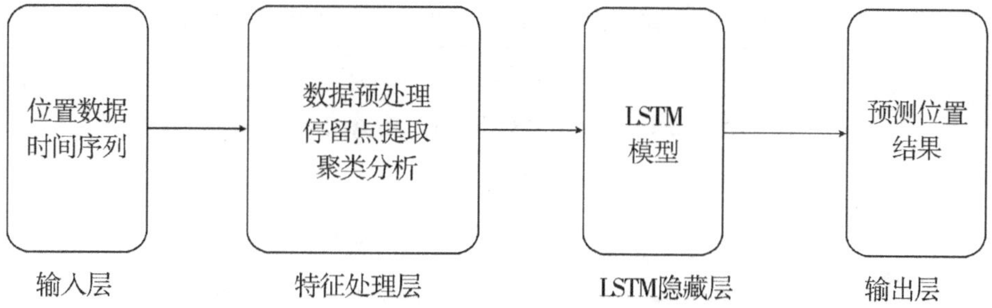

图 8-5　基于 LSTM 的神经网络模型

8.4.2　LSTM 的实现

长短期记忆网络的最核心的就是 cell 和一个传过 cell 的线。这样的结构使得向量在进行传输时只需要做一点线性操作，从而实现不改变信息就能传递信息，也就是最终实现了记忆功能的长时效化。

1. LSTM 的结构介绍

设 LSTM 有三个重要的结构门，它们是遗忘门、传入门和输出门。遗忘门的作用是控制着哪些信息被允许通过 cell，它可选择记忆或者遗忘哪些信息。传入门则是控制着哪些信息能够被加入到 cell 中来。输出门是决定哪些信息可以被输出。这三个结构相互配合，共同控制 cell 状态。

2. LSTM 的运用

LSTM 是 keras. layres 中的一个模块，使用 Python 开发的好处就在于，大多数常用的科学工具包，还有一些数学模型库，还有一些开源的算法，它都能找到对应的包或模块，而且还是可跨平台的，我们只要使用命令，数十行甚至几行就能完成其他代码要几百甚至几千行的任务。这里只需要导入 LSTM 模块，直接将自己处理过的数据特征向量加载进去，就可以完成 LSTM 神经网络模型的训练。

8.5　具体实现

8.5.1　数据处理

不对数据进行过滤处理将影响实验的最终结果。对数据集进行过滤处理，同时删除无用的数据列。处理后的数据的格式如图 8-6 所示。

	lat	lng	alt	date	time
0	40.013833	116.306538	144	2008-12-14	23:55:58
12	40.013738	116.305798	115	2008-12-15	00:02:19
24	40.013507	116.306563	103	2008-12-15	00:03:11
36	40.013029	116.307795	119	2008-12-15	00:04:03
48	40.013165	116.309462	123	2008-12-15	00:04:51
60	40.013230	116.311153	109	2008-12-15	00:05:39
72	40.012544	116.311877	99	2008-12-15	00:06:22
84	40.011349	116.312211	114	2008-12-15	00:07:00
96	40.010154	116.312588	107	2008-12-15	00:07:36
108	40.009432	116.313504	139	2008-12-15	00:08:11

图 8-6　处理后数据详情

将处理后的数据进行过滤操作找到符合实际的点，获取可以直接使用的数据。我们要找出用户所有的停留点，数据量比较大，直接进行分析比较复杂，也无法查看出数据的特点。因此，对要处理的数据进行了可视化操作，包括了利用经度、纬度画出二维散点图，如图 8-7 所示，画出经度、纬度、高度的三维散点图，如图 8-8 所示。这些图将所有数据通过散点的形式展示出来，有利于我们分析出数据点之间的相互关系，更容易找出用户的特征。

根据二维图和三维图，我们可以看出数据存在聚集特点。我们要分析用户的移动轨迹，就要先利用用户的轨迹点去获取用户的驻足点。这些驻足点就是用户的兴趣点，可以成为预测用户的位置的合理依据。获取用户的驻足点是分析用户轨迹特征的关键。

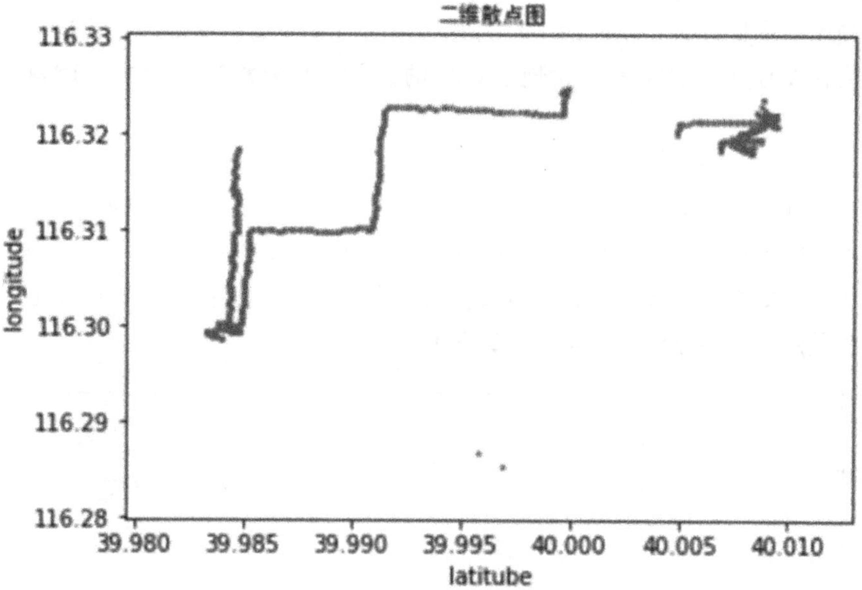

图8-7　二维散点图

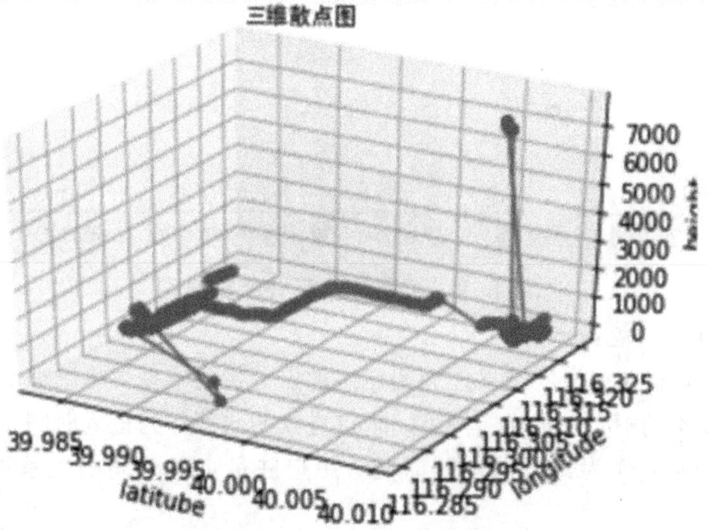

图8-8　三维散点图

8.5.2　数据分析

1. 驻足点的获取

然后我们对数据进行分析获得用户所有的驻足点，设定好判定的阈值，然后执行计算，当某一区域的点超过了这一阈值，我们就认为这个聚类的点集是用户的一个驻足点。

利用算法我们就可以得到用户的驻足点，但美中不足的是，本算法计算量较大，没有办法快速进行大规模数据的分析，只要相似的位置点就进行聚类。

2. 驻足点聚类

获取到用户的驻足点后，数据仍然是不可用的，由于人的移动是高度非线性的，因此用户的驻足点可能多而且零碎，根本无法进行模型预测。因此，使用了密度聚类的方法对所有的驻足点进行聚类，去掉那些驻足时间短的非重要驻足点。聚类分析的结果如图 8-9 所示。

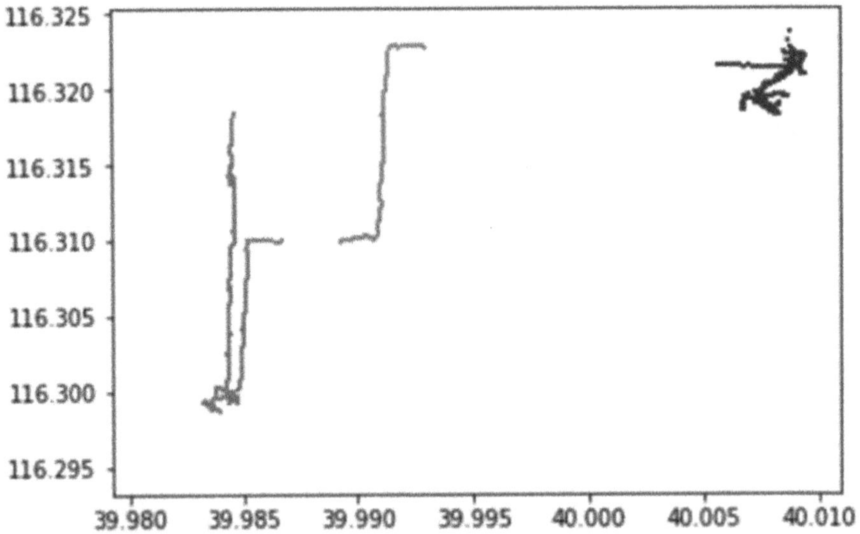

图 8-9　驻足点聚类分析结果图

3. 用户兴趣点分析

将密度聚类分析的结果作为用户兴趣点分析的依据，将聚类的平均经纬度作为聚类的中心点坐标，将第一个点进入的时间作为进入时间，最后一个点离开的时间作为最后的离开时间。用户驻足点和时间的关系如图 8-10 所示。

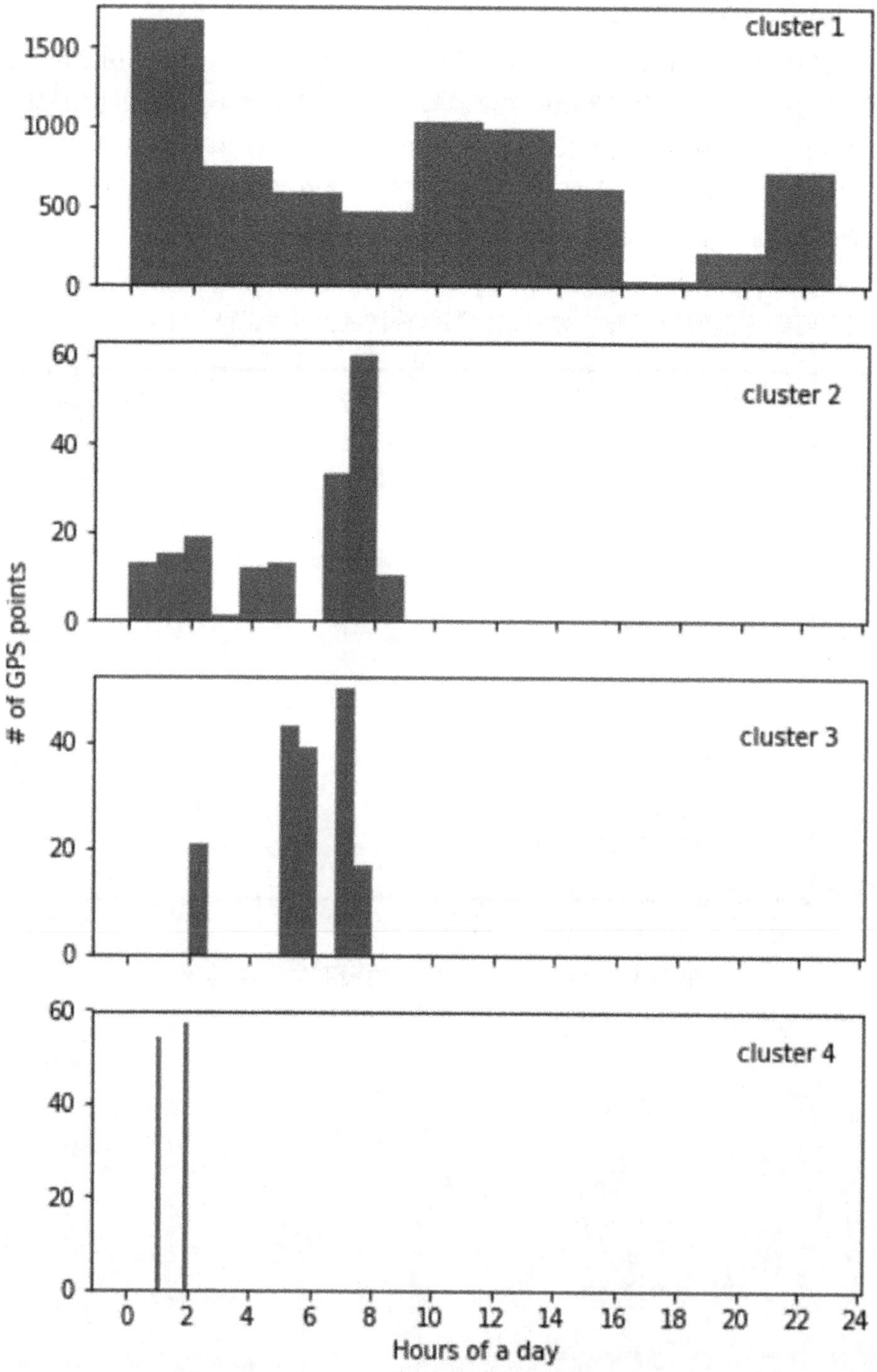

图 8-10　用户驻足点和时间的关系

8.5.3　LSTM 模型

得到用户的兴趣点就可以使用 LSTM 神经网络进行模型训练，用于用户移动模型的训练。这是用户预测的关键步骤，将以上获得的数据输入到 LTSM 神经网络中，利用神经单元的长短时间记忆特性，记住用户移动信息的特征。

LSTM 的模型构架已经在上一节进行了相对详细的叙述，在这里就不进行详细的介绍了。直接是将数据导入，对模型进行训练。

在经过训练数据集进行模型训练后，我们需要输入测试数据集进行测试。使用上面训练得到的模型，对测试数据集分析的结果如图 8-11 所示。

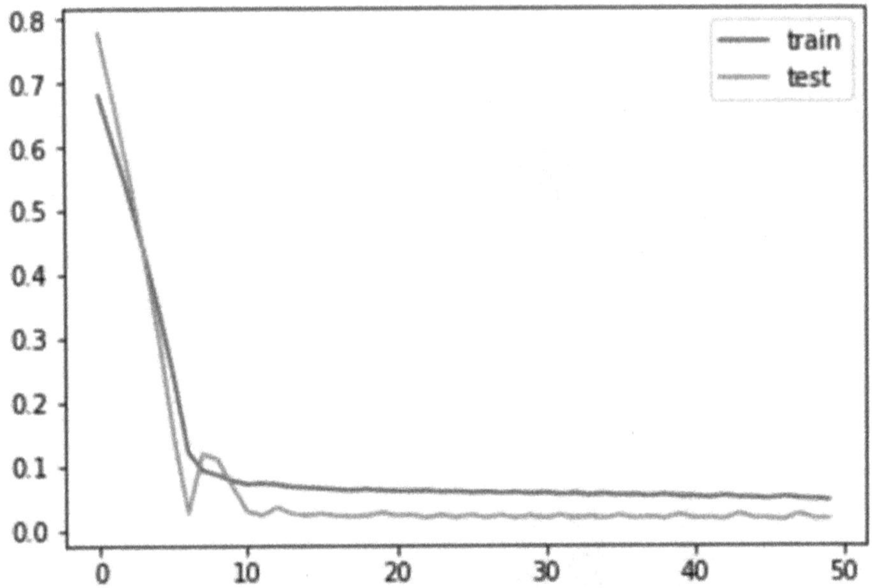

图 8-11　利用 LSTM 模型的预测失误率结果

参考文献

［1］Solem, J. E. Python 计算机视觉［M］. 北京：人民邮电出版社，2014.

［2］姚敏. 数字图像处理［M］. 北京：机械工业出版社，2017.

［3］姜杨. 基于局部信息的图像特征提取算法研究与设计［D］. 南京：南京邮电大学，2017.

［4］黄超. 基于局部特征的图像检索技术研究［D］. 哈尔滨：哈尔滨工程大学，2016.

［5］康红娟. 基于尺度不变特征的图像检索技术研究［D］. 西安：西安科技大学，2017.

［6］金铭. 基于内容的图像检索算法研究［D］. 北京：北京工业大学，2016.

［7］罗伟芳. 基于内容的图像检索技术研究［D］. 广州：华南理工大学，2017.

［8］周保余. 图像局部特征匹配性能增强研究［D］. 长春：吉林大学，2017.

［9］Garg R, Mittal B, Garg S. Histogram equalization techniques for image enhancement[J]. International Journal of Electronics & Communication Technology, 2011, 2(1):107-111.

［10］李宇洁. 基于颜色和 SIFT 特征的图像检索技术［D］. 南京：东南大学，2017.

［11］Wu Xiaofeng, Hu Shigang, Zhao Jin, et al. Comparative analysis of different methods for image enhancement[J]. Journal of Central South University, 2014,21(12):4563-4570.

［12］崔哲. 基于 SIFT 算法的图像特征点提取与匹配［D］. 成都：电子科技大学，2016.

［13］Munteanu C, Rosa A. Gray-scale image enhancement as an automatic process driven by evolution[J]. IEEE Transactions on Systems, Man, and Cybernetics, 2004, 34(2):1292-1298.

[14] 武洪强．基于支持向量机的路面状态视频图像识别技术研究［D］．北京：北京交通大学，2017.

[15] 高月，杨小飞，马盈仓，汪义瑞．基于共享 k-近邻与共享逆近邻的密度峰聚类［J/OL］．计算机工程与应用：1-13［2019-06-01］.

[16] Sclaroff S, Pentland A P. Modal Matching for Correspondence and Recognition[J]. IEEE Transactions on Pattern Analysis & Machine Intelligence, 1995, 17(6):545-561.

[17] 陈伟亮．基于全卷积神经网络的人脸特征点检测研究［D］．杭州：浙江大学，2019.

[18] 谢晓竹，薛帅．改进的 Cifar-10 模型在装甲目标二分类中的应用［J/OL］．兵器装备工程学报：1-4［2019-06-03］.

[19] Arevalillo H M, Ferri F J, Moreno-Picot S. Improving distance based image retrieval using non-dominated sorting genetic algorithm[J]. Pattern Recognition Letters, 2015,53:109-117.

[20] 高浩宇．基于机器学习的图像识别研究与应用［D］．武汉：华中师范大学，2018.

[21] 崔春燕．组特征选择算法及其应用研究［D］．南京：南京师范大学，2013.

[22] Ves E D, Benavent X, Coma I, et al. A novel dynamic multi-model relevance feedback procedure for content-based image retrieval[J]. Neurocomputing, 2016, 208:99-107.

[23] 汪斌．基于支持向量机的图像分类研究［D］．杭州：浙江大学，2013.

[24] Duygulu P, Barnard K, Freitas J F G D, et al. Object Recognition as Machine Translation: Learning a Lexicon for a Fixed Image Vocabulary[C]// European Conference on Computer Vision. Springer-Verlag, 2002:97-112.

[25] 杨钊．面向图像分类和识别的视觉特征表达与学习的研究[D]．广州：华南理工大学，2014.

[26] 余凯，贾磊，徐伟．深度学习的昨天今天和明天[J]．计算机研究与发展，2013.

[27] Liu Y, Zhang D, Lu G, et al. A survey of content-based image retrieval

with high-level semantics[J]. Pattern Recognition, 2007, 40(1):262-282.

[28] 刘建伟，刘媛，罗雄麟．深度学习研究进展［J］．计算机应用研究，2014.

[29] 蒙秀梅．智能图像技术研究及岩心图像自动识别系统［D］．北京：北京邮电大学，2017.

[30] Wu H, Lu H Q, Ma S D. A survey of relevance feedback techniques in content-based image retrieval[J]. Chinese Journal of Computers, 2005, 28(12): 1969-1979.

[31] 吴微，苑玮琦．手掌静脉图像识别技术综述［J］．中国图象图形学报，2018，18（10）：1215-1224.

[32] 基于卷积神经网络的图像识别［D］．长春：吉林大学，2017.

[33] 赵小敏，孙志刚，夏明．基于局部学习的车辆图像识别方法［J］．浙江工业大学学报，2017，45（4）：439-444.

[34] 高浩宇．基于机器学习的图像识别研究与应用［D］．武汉：华中师范大学，2018.

[35] 融合判别式深度特征学习的图像识别算法［J］．中国图象图形学报，2018，23（4）．

[36] Huang X D, Sun L, Liu S L. A retrieval method of relevance feedback images based on discriminative extreme learning[J]. Journal of Xi'an Jiaotong University, 2016,50(8): 96-102.

[37] 刘畅．一种机器人室内场景图像识别方法［J］．量子电子学报，2017，34（3）：293-304.

[38] Kundu M K, Chowdhury M, Bulò S R. A graph-based relevance feedback mechanism in content-based image retrieval[J]. Knowledge-Based Systems, 2015, 73:254-264.

[39] 高聪，王福龙．基于模板匹配和局部 HOG 特征的车牌识别算法［J］．计算机系统应用，2017，26（01）：122-128.

[40] 葛剑，刘文霞．一种基于支持向量机实现对物料传送带的图像识别算法［J］．中国仪器仪表，2018（08）：72-74.

[41] 高浩宇．基于机器学习的图像识别研究与应用［D］．武汉：华中师范大学，2018.

[42] 武洪强．基于支持向量机的路面状态视频图像识别技术研究［D］．北京：北京交通大学，2017.

[43] Kanimozhi T, Latha K. An integrated approach to region based image retrieval using firefly algorithm and support vector machine [J]. Neurocomputing, 2015, 151: 1099-1111.

[44] 刘杰. 基于改进支持向量机的卷积神经网络图像识别方法研究 [D]. 开封: 河南大学, 2018.

[45] 杨萌. 基于支持向量机的行人检测技术研究 [D]. 北京: 中国科学院大学 (中国科学院长春光学精密机械与物理研究所), 2018.

[46] 王小康. 基于支持向量机的车标图像识别技术研究 [D]. 北京: 北京交通大学, 2018.

[47] 杨亦波. 基于卷积网络的图像分类方法研究 [D]. 上海: 上海师范大学, 2018.

[48] Hashemi S, Kiani S, Noroozi N. An image con-trast enhancement method based on genetic algorithm [J]. Pattern recognition letters, 2010, 31 (13): 1816-1824.